航天科技图书出版基金资助出版

航天电子产品静电防护问题案例选编

中国航天科技集团有限公司静电防护技术中心　组织编写
崔伟光　高志良　庞　健　主编

中国宇航出版社
·北京·

图书在版编目（CIP）数据

航天电子产品静电防护问题案例选编 / 中国航天科技集团有限公司静电防护技术中心组织编写 ; 崔伟光，高志良，庞健主编. -- 北京 : 中国宇航出版社，2024.10. -- ISBN 978-7-5159-2448-9

Ⅰ. V443

中国国家版本馆CIP数据核字第2024ZS8408号

责任编辑　马　喆　　　**封面设计**　王晓武

出版发行	中国宇航出版社		
社　址	北京市阜成路 8 号　**邮　编**　100830 (010)68768548	**版　次**	2024 年 10 月第 1 版 2024 年 10 月第 1 次印刷
网　址	www.caphbook.com	**规　格**	787 × 1092
经　销	新华书店	**开　本**	1/16
发行部	(010)68767386　(010)68371900 (010)68767382　(010)88100613（传真）	**印　张**	19.5
		字　数	276 千字
零售店	读者服务部　(010)68371105	**书　号**	ISBN 978-7-5159-2448-9
承　印	北京厚诚则铭印刷科技有限公司	**定　价**	128.00 元

本书如有印装质量问题，可与发行部联系调换

航天科技图书出版基金简介

航天科技图书出版基金是由中国航天科技集团公司于2007年设立的，旨在鼓励航天科技人员著书立说，不断积累和传承航天科技知识，为航天事业提供知识储备和技术支持，繁荣航天科技图书出版工作，促进航天事业又好又快地发展。基金资助项目由航天科技图书出版基金评审委员会审定，由中国宇航出版社出版。

申请出版基金资助的项目包括航天基础理论著作，航天工程技术著作，航天科技工具书，航天型号管理经验与管理思想集萃，世界航天各学科前沿技术发展译著以及有代表性的科研生产、经营管理译著，向社会公众普及航天知识、宣传航天文化的优秀读物等。出版基金每年评审2次，资助30～40项。

欢迎广大作者积极申请航天科技图书出版基金。可以登录中国航天科技国际交流中心网站，点击“通知公告”专栏查询详情并下载基金申请表；也可以通过电话、信函索取申报指南和基金申请表。

网址：http：//www.ccastic.spacechina.com

电话：(010) 68767205，68767805

《航天电子产品静电防护问题案例选编》编审委员会

《航天电子产品静电防护问题案例选编》编写委员会

序

习近平总书记指出："探索浩瀚宇宙，发展航天事业，建设航天强国，是我们不懈追求的航天梦。"航天强国建设在党中央指导和部署下，取得了一系列举世瞩目的辉煌成就。

航天工程系统的特点决定了航天质量工作的复杂性和艰巨性。中国航天事业始终坚决贯彻落实国家有关航天强国建设的部署要求，以"质量是政治、质量是生命、质量是效益"的质量理念和"严慎细实"的工作准则，有效遵循航天系统工程理论，以体系化抓质量持续深化航天精益质量管理工作，其中静电防护是航天电子产品质量与可靠性管控的非常关键一环。因此，我国航天型号工程历来高度重视宇航型号静电防护工作。

静电防护涉及设计、采购、制造、加工、组装、装联、包装、标识、维修、失效分析、测试、检验、环境试验、贮存和转运等航天电子产品生产制造全过程，覆盖航天器的五大系统（卫星、运载火箭、发射场、测控、应用等）；航天电子产品静电防护管理体系在"技术、计划、产保、技安"型号任务全周期流程管理模式中，配合质量、产保、工艺、设计、检验等管理活动协同发挥作用。

为进一步解决采用单点或多点静电防护控制方法无法形成体系化防护链的问题，中国空间技术研究院发布由北京东方计量测试研究所起草的Q/W 1300～1303—2010《静电防护管理体系系列标准》（替代Q/W 1165—2008，并已于2018年更新为Q/W－Q－90－13－07～10—2018）），在宇航型号及重点外协单位全面推行"技术＋管理"的静电防护管理体系认证。2013年，中国航天科技集团发布Q/QJA 118～123—2013《航天电子产品静电防护管理体系系列标准》，2015年，国家质量监督检验检疫总局和国家标准化管理委员会联合

GB/T 32304—2015《航天电子产品静电防护要求》。这一系列航天静电防护标准的实施应用，有效支撑了航天型号重大工程任务的顺利实施，而且航天电子产品静电防护管理体系运行经验已经在我国国防科技工业系统广泛传播和借鉴。

《航天电子产品静电防护问题案例选编》从航天电子产品静电防护管理体系的组织、文件、策划、人员培训、防静电工作区（EPA）、包装、标识、采购和外包、监视和测量、审核、管理评审和改进12个体系要素角度，梳理总结出93个“技术＋管理”静电防护体系化运行中的典型问题案例，不仅为每个问题案例给出了切中肯綮的原因分析和解决方案，而且在航天精益质量管理、装备质量管理体系融合、星级现场建设评价、数智化管控升级、静电监视测量新技术、电子元器件防静电设计提升等方面给出了发展方向。

静电防护是现代化产业体系尤其是高端装备制造领域的关键共性技术之一。本书的出版为我国广大航天工业从业者及配套产业人员提供了学习、掌握静电防护知识，加强航天静电防护意识的重要参考资料，从而能够更好地提高航天装备静电防护能力，积极打造静电防护新质生产力，为新时代航天强国建设再添新助力！

2024年9月

前言

2023年，党中央、国务院印发的《质量强国建设纲要》明确提出，推动工业品质量迈向中高端，实施质量可靠性提升计划，提高机械、电子、汽车等产品及其基础零部件、元器件可靠性水平，促进品质升级。静电放电是影响电子产品质量与可靠性的重要原因之一，由于电子产品静电放电损伤中的90%属于潜在性损伤，常规的检测手段很难发现，而这些已经受到静电放电潜在性损伤的电子产品将可能带来重大的故障和事故隐患。长期以来，因静电防护不当引发的电子产品质量问题和事故频发，对电子产业造成严重危害，每年给全世界电子工业带来巨大的经济损失。在我国，这方面的损失也相当严重。因此，采取有效的控制手段预防和减少静电放电危害显得至关重要。

航天工业领域对电子产品质量与可靠性的要求极高，静电放电曾引发多起国内外航天工程严重问题或故障，对航天器在轨稳定可靠运行造成很大威胁。一直以来，中国航天科技集团有限公司十分重视航天电子产品静电防护管理工作，在《航天型号精细化质量管理要求（2017版）》《中国航天科技集团有限公司航天科研生产质量管理规定》等规章文件中，明确规定要落实《航天电子产品静电防护管理体系要求》（Q/QJA 118—2013），对航天电子产品的制造、装联、测试、检验、试验、包装、储存、运输、使用、维修等全过程进行静电防护。

2015年，中国航天科技集团有限公司依托下属单位中国空间技术研究院所属的北京东方计量测试研究所成立“中国航天科技集团有限公司静电防护技术中心”，推动集团公司所属的各航天型号科研生产单位及ESDS电子产品配套协作单位开展静电防护体系化管理工作，并将静电防护纳入“管理＋技术”并重的型号产品保证工作规范中进行实施，全面推动《航天电子产品静电防护管理体系》系列标准（Q/QJA 118～123—2013）在航天型号产业链各级次贯彻应用。

本书通过对航天电子产品静电防护管理体系审核、供方审查以及工艺纪律检查等过程中发现的不符合问题的分析研究，梳理总结提炼了航天型号科研生产静电管控相关的90余个典型的管理和技术方面的静电防护问题案例，旨在推动体系持续改进，并逐步提升科研生产静电管控效果，通过航天ESDS电子产品科研生产一线关键作业过程合规、环境条件配置改善以及管理水平提升，“靶向”促进精准静电防护，有效防范因静电防护不当导致的型号系统性风险，始终贯彻质量第一理念，持续夯实保证航天型号任务成功的静电质量基础。

本书由中国航天科技集团有限公司静电防护技术中心牵头编写，得到了集团公司总部以及所属各院、各有关单位静电防护管理体系审核员和静电防护主管部门人员的积极参与。本书第1章由崔伟光、高志良、何积浩编写，第2章由谭钧戈、庞健、王若珏、杨铭编写，第3～5章由谭钧戈、马姗姗、王若珏、孙丽丽、王滨编写，第6～15章由马姗姗、高志良、谭钧戈、庞健、王若珏、吴嘉鹏、冯娜、张宇、王磊编写，第16～18章由谭钧戈、何积浩、刘佳、孙丽丽、落震宇编写，第19章由高志良、董怿博、何积浩、马姗姗、张卫红、唐旭、程千钉、胡子俊、延峰、梅高峰等编写。中国航天科技集团有限公司中国空间技术研究院静电防护管理体系认证委员会也在本书编写过程中给予了大力支持。在此向对本书编写工作提供支持和帮助的有关单位和专家表示衷心感谢。

由于编者水平有限，书中难免出现错误及疏漏之处，敬请读者批评指正。

编写组

2024年9月

目　录

第1章 概 述

本书主要结合航天电子产品静电防护管理体系认证审核不符合项以及通过供方审查、工艺纪律检查等发现问题的特点，从组织、文件、策划、人员培训、防静电工作区（EPA）、包装、标识、采购和外包、监视和测量、审核、管理评审和改进12个方面，对涉及的制造、加工、组装、装联、包装、标识、维修、失效分析、测试、检验、环境试验、贮存、分发和运输等关键环节的静电放电敏感（ESDS）电子产品现场处置活动出现的典型静电防护问题进行阐述、分析并给出改进建议，旨在为ESDS电子产品操作人员、EPA管理人员、EPA主管部门人员等提供有益的操作指导和管理提升建议，同时为组织最高管理者、静电防护负责人提供静电防护系统性改进的决策输入，重点提高静电防护管理与技术水平，持续强化静电防护管理体系运行效果，不断提升型号产品静电防护质量保证能力。

2010年12月至2023年12月，中国航天科技集团有限公司累计组织了近300次航天电子产品静电防护管理体系审核，共发现一般不符合项968项，涉及体系全部12个要素。本章从不符合项数量、组织分布和发展态势三个方面进行简要分析。

1）从不符合项的数量来看，EPA、监视和测量、策划3个要素的不符合项数量依次占据前三位（见图1-1），其中EPA要素的不符合项最多，数量为398，占比超41%。

2）从不符合项的组织分布来看，EPA、监视和测量、采购和外包、策划、人员培训共计5个要素所涉及组织的范围较广，至少30个组织都在这几个要

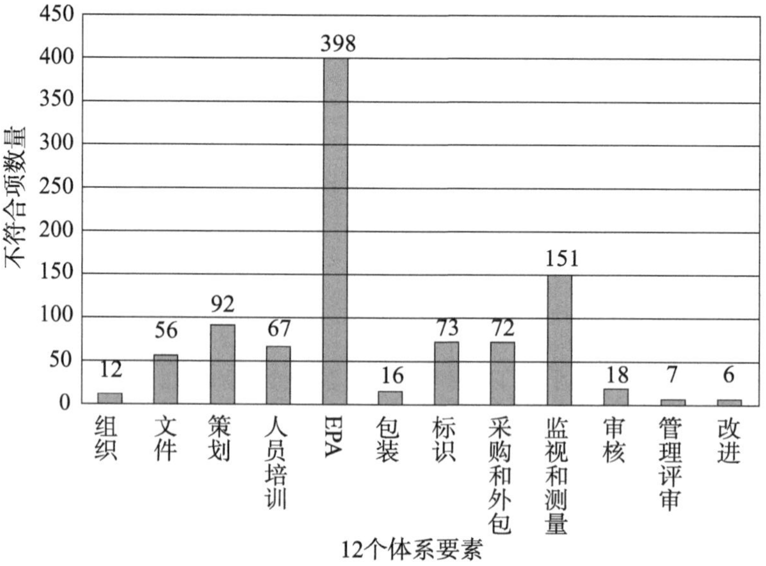

图 1-1　不符合项数量分布图

素方面存在问题，其中 EPA 要素不符合项出现频次最高，几乎每个组织都涉及，如图 1-2 所示。

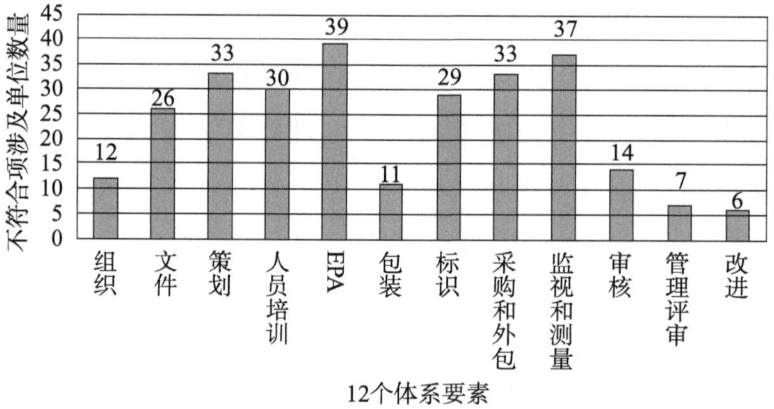

图 1-2　不符合项涉及单位数量分布图

3）从不符合项的发展态势来看，EPA、监视和测量、策划、标识、采购和外包、人员培训共计 6 个要素的累计不符合项数量均超过 60 项（受新冠疫情影响，2022—2023 年体系审核未完全按年度工作计划正常开展，导致这两个年度的不符合项数量减少），几乎每年体系审核都有涉及，如图 1-3 所示。

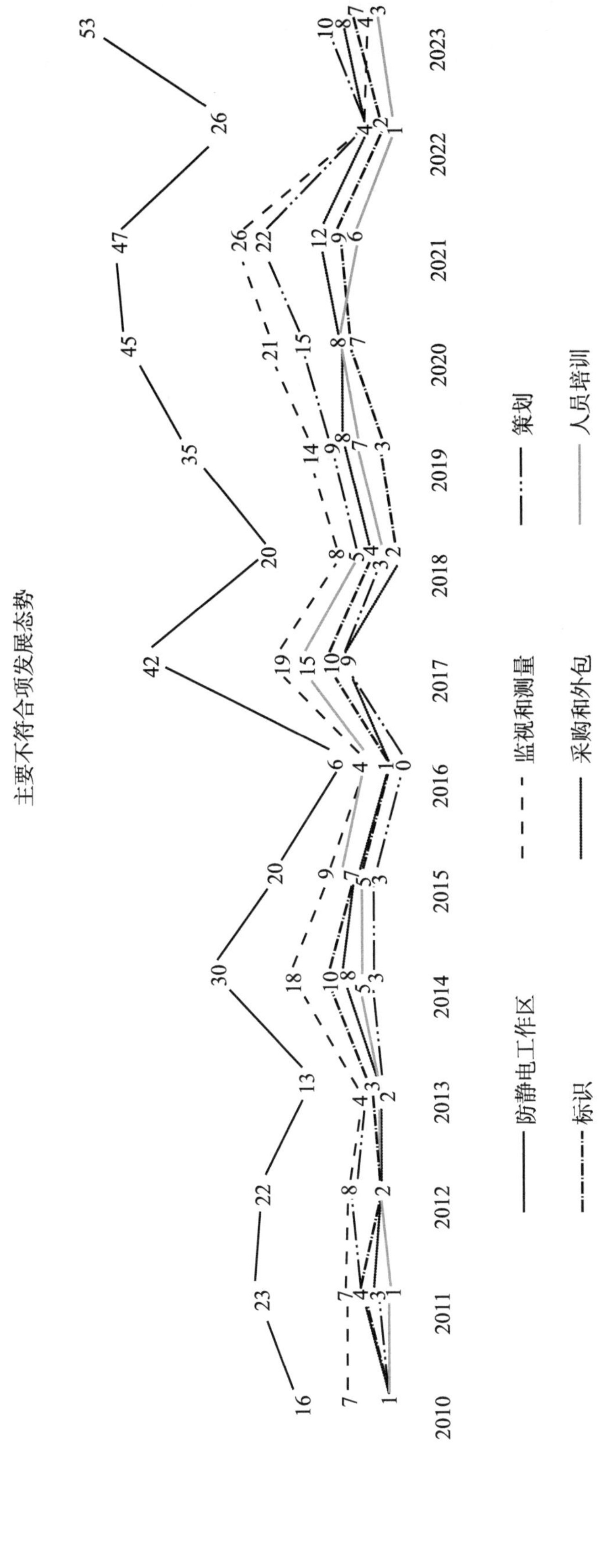

图1-3 主要不符合项的发展态势图

第2章　组　织

组织是处置 ESDS 电子产品的实体，是承担建设运行航天电子产品静电防护管理体系的主体。关于组织的不符合问题主要表现为：部门间的静电防护管理职责划分不清或缺失、未按标准要求将相关部门纳入静电防护管理体系。在具体实施过程中，应特别关注与 ESDS 电子产品所处“过程、区域、设施”直接相关的部门和人员，如某 ESDS 电子产品处置环节 EPA 所在部门及部门领导，要避免职责不清或职责缺失情况。

案例1 缺少对某静电防护责任部门的职责要求

问题描述

某研究所电子室在组织机构变更后，由二级部门调整为一级部门，承担ESDS电子产品设计调试等任务，但未纳入静电防护管理体系，在《静电防护管理手册》中未被赋予相应职责。

问题分析

电子室原来为二级部门，研究所组织机构调整时将电子室调为一级部门，但是电子室的静电防护职责未被研究所及时以一级部门身份进行识别，识别策划程序不健全。

管理手册中缺少对某个部门的静电防护职责要求，会导致组织在管理静电防护工作时遗漏该部门，该部门也会错误地认为本部门不涉及静电防护工作，从而导致组织内静电防护链条中的某一个关键处置环节的静电防护要求无法有效落实。

不符合相关标准

Q/QJA 118—2013：4.1.6 组织应在体系文件中规定相关部门及人员的静电防护职责。

GB/T 32304—2015：4.1.6 组织应在体系文件中规定相关部门及人员的静电防护职责。

应采取的措施

修订《静电防护管理手册》，将电子室以一级部门身份纳入静电防护管理体系，适时修订完善静电防护识别和策划控制程序文件。

注： 组织应根据识别策划等工作，从组织内 ESDS 电子产品处置的全链条出发，充分有效地识别出所有与 ESDS 电子产品处置相关的部门，将这些部门全部纳入静电防护管理体系，并将部门的职责写入静电防护管理手册中。

案例 2　静电防护责任部门的职责不完整

问题描述

某公司《静电防护管理手册》未对各航天型号项目办的静电防护工作策划进行明确要求，未明确静电防护要求传递的工作职责。

问题分析

各航天型号项目办主要是航天型号设计、生产、装配、测试等的总体设计部门，公司在确定项目办的职能时，只识别到项目办具有协调各部门间配合的责任，但忽略了项目办在静电防护要求传递、策划等方面的职能。

在实际静电防护管理过程中，我们经常会把更多的精力和重点放在现场管理中，从而容易忽略总体部门、项目办在体系中也有相应的职责，例如将静电防护设计融入产品设计中、将静电防护要求传递给分系统承制方等，项目办等部门如果不明确或者明确的静电防护工作职责不完整，则无法从航天型号项目的总体设计角度来系统性策划、监督和管理型号静电防护工作。

不符合相关标准

Q/QJA 118—2013：4.1.6 组织应在体系文件中规定相关部门及人员的静电防护职责。

GB/T 32304—2015：4.1.6 组织应在体系文件中规定相关部门及人员的静电防护职责。

应采取的措施

修订《静电防护管理手册》，进一步明确体系运行覆盖所有部门的职责。对相关项目办和人员开展针对性教育培训，确保航天型号项目办的静电防护工作职责落实到位。

注：组织应在编制《静电防护管理手册》过程中，根据静电防护管理体系标准中12个要素，充分策划，有效识别，确保各部门在静电防护管理工作中的职责明确，使其充分融入静电防护管理工作中。

案例3 多个静电防护责任部门之间的职责分工不清晰

问题描述

某研究所《静电防护管理手册》中所规定的科研保障部与投资建设部、运行保障部之间的静电防护工作职责划分不清晰，在与各部门座谈交流和现场检查时发现其实际职责与体系文件中的分工不一致。

问题分析

在静电防护分工中存在一些部门职能交叉的情况，例如静电设施和静电物资的采购、验收，仪器的管理和维护，现场设施的配置和检测等职责，会由不同的部门进行管理，但有些工作的性质类似，会产生职责划分不清晰的问题。

由于各部门间职责不清，导致在针对某一个具体事项的管理过程中，出现多个管理部门共同参与的情况。这不仅给基层部门与职能部门的对接带来不便，而且还会导致推诿扯皮、重复审批、无效管理等情况的发生。

不符合相关标准

Q/QJA 118—2013：4.1.6 组织应在体系文件中规定相关部门及人员的静电防护职责。

GB/T 32304—2015：4.1.6 组织应在体系文件中规定相关部门及人员的静电防护职责。

应采取的措施

对《静电防护管理手册》和程序文件进行版本更新，在新的管理手册中明确各相关部门的职责，尤其针对容易出现工作职责交叉的内容要按照内部分工明确职责划分。

注：《静电防护管理手册》作为组织静电防护工作的总纲领，要在充分分解各责任部门职责的同时，将标准中各要素进行充分有效的分解，确保各要素有责任部门，更要确保各部门之间不要出现重复、交叉和分工不明确的情况。

案例4 未设置静电防护主管部门

问题描述

某公司未设置静电防护主管部门，而是由各部门主管领导组成“静电防护工作小组”共同管理静电防护管理体系。

问题分析

该公司在体系建设初期，最高管理层未能正确理解标准要求，只考虑了“全员参与”，但未考虑到需要明确一个专门的静电防护主管部门来统筹管理静电防护管理体系。

这种由多个部门组成的共同管理模式，很容易造成“三个和尚没水吃”的局面，只有设置了明确的静电防护主管部门，并在体系中明确其职责并授予相应的权力，才可以统筹管理静电防护管理体系。

不符合相关标准

Q/QJA 118—2013：4.1.5 组织应明确静电防护主管部门，负责静电防护管理体系的建立、日常监督和管理，并审核、验证与本标准要求的符合性。

GB/T 32304—2015：4.1.5 组织应明确静电防护主管部门，负责静电防护管理体系的建立、日常监督和管理，并审核、验证与本标准要求的符合性。

应采取的措施

修订公司《静电防护管理手册》，撤销“静电防护工作小组”建制，明确质量、产保、工艺或安全等职能部门为公司静电防护主管部门。

注：在建立静电防护管理体系时就必须指定一个实体部门作为静电防护主管部门，授予相应的管理权力，一般将静电防护主管部门设置在质量、产保、工艺或者安全等职能管理部门。

案例 5 静电防护负责人不是组织最高管理层成员

问题描述

某公司静电防护负责人为质量部部长，非公司最高管理层成员。

问题分析

该公司在体系建设策划过程中，没有正确理解“组织”概念，认为质量部是静电防护管理体系的主管部门，其部门领导就应该是静电防护负责人。

静电防护负责人如果不是组织最高管理层成员，则无法实现对组织全部静电防护资源的充分有效调动，无法确保静电防护管理体系有效推进。

不符合相关标准

Q/QJA 118—2013：4.1.4 静电防护负责人应是参与静电防护管理体系决策的最高管理层成员。

GB/T 32304—2015：4.1.4 静电防护负责人应是参加静电防护管理体系决策的最高管理层成员。

应采取的措施

公司变更静电防护负责人，任命主管静电防护工作的副总经理担任静电防护负责人。

注：最高管理层成员可以是厂（所）的副厂（所）长，公司的副总经理、副总裁等厂（所）或者公司领导班子成员；如果是以独立部门为单位建立静电防护管理体系，也可以由该部门正职领导担任静电防护负责人，但必须由组织的最高管理者给予相应的授权。

第3章　文　件

文件是航天电子产品静电防护管理体系运行管理的重要且不可或缺的载体。关于文件的不符合问题主要表现为：体系文件版本不统一、体系文件更新不及时、记录缺失、记录不完整等，需要加强体系运行过程文件管控，重点关注体系文件版本更新后的具体落实情况。

案例 6　静电防护管理体系换版缺少文件更改单

问题描述

某研究所《静电防护管理手册》发布于 2015 年 7 月 6 日，并于同日开始实施，在后一周期的认证审核时发生了换版，但未提供文件更改单。

问题分析

该研究所的安全生产管理办公室是静电防护管理体系主管部门，体系主管人员未按照相关记录要求开展体系文件修订工作，体系主管部门领导也未对该项工作的开展进行有效把关，造成记录控制不符合标准及程序文件要求，产生文件控制上的不符合项。

在体系运行过程中，当生产流程或者其他管理模式有变更时，会产生现有管理程序不适用的情况，组织应根据体系运行的状态和实际管理需要对文件进行更新。变更的内容经过组织评审和确认后发布，文件更改单是文件变更通过组织认可的重要凭证和记录。

不符合相关标准

Q/QJA 118—2013：4.2.3 b）组织应编制程序文件，必要时对文件进行评审与更新，并再次批准。

GB/T 32304—2015：4.2.3.2 b）组织应编制程序文件，必要时对文件进行评审与更新，并再次批准。

应采取的措施

安全生产管理办公室在审核体系文件变更后，明确今后文件修订逐级审批时应对修订内容说明及修订记录是否完备进行检查。

注：当体系文件不再适用时，要及时更新。在发生变更，尤其是发生重大的变更时，体系主管部门应组织相关领导、部门主管和静电防护负责人对变更的内容进行评审，通过评审的内容才可以发布实施，确保组织上下均可识别到更新的内容和要求。注意应有更改单或其他证明文件来证明获得批准的记录。

案例7 未标明静电防护文件变更状态信息

问题描述

某组织静电防护管理体系文件《采购物资流转过程规范》变更单上，没有文件更新标识和文件生效日期。

问题分析

体系文件变更主管人员只注重文件内容，对内部文件的签署和识别等工作重视不够，对文件控制的管理要求掌握不到位。

组织修订程序文件以保持规定的适宜性和有效性，没有文件更新的标识就无法得知哪些要求发生了变化；而在执行新文件中的要求时，生效日期不清晰，会对是否执行新要求产生执行层面的困惑。

不符合相关标准

Q/QJA 118—2013：4.2.3 c）确保文件的更改和现行修订状态得到识别。

GB/T 32304—2015：4.2.3.2 c）确保文件的更改和现行修订状态得到有效识别。

应采取的措施

填写签署文件变更的生效日期，并完善文件签署流程，对物资采购相关人员进行新规范培训，并留存宣贯培训记录。

注：文件不适用时，应及时修订，保证文件的要求充分且适宜。修订的内容应经过组织的评审和最高管理者的批准，按照程序文件的管理流程进行发布，并组织相关人员参加宣贯培训，保证与修订内容有关的人员知悉并能按照新要求执行。

变更后的文件应形成更改单，并标注更新后的文件编号，保证新文件受控，不再使用的旧文件及时废止，避免管理流程不清晰。

案例 8　在用静电防护文件不是最新版本

问题描述

某静电防护职能管理部门提供了一份《静电需求识别结果汇总表》，但识别年份较早，不是当年最新版本。

问题分析

该组织《静电防护管理体系程序文件》并没有提及静电防护需求要每年进行更新，所以该部门的《静电需求识别结果汇总表》没有更新到最新版本。

《静电需求识别结果汇总表》是识别静电防护需求的重要依据，静电防护人员、EPA 划分与配置、监视测量等要求，均需要根据识别出来的产品静电放电敏感度等级来合理规划。该组织较早年份的识别文件中的 ESDS 电子产品和现有的产品可能存在差异，且判定敏感度等级的标准也会发生变化。组织如果没有程序文件来规定识别更新要求，会导致产品敏感度等级的识别不到位，在制定静电防护需求和目标时就会与实际情况有偏差，造成现场的静电防护不足或防护过度。

不符合相关标准

Q/QJA 118—2013：4.2.3 d）确保在使用处可获得适用文件的有关版本。

GB/T 32304—2015：4.2.3.2 d）确保在使用处可获得适用文件的现行有效版本。

应采取的措施

负责静电防护需求识别的归口管理部门依据持续识别静电需求的原则，修改《静电防护需求识别程序》，生产部门、研发部门、物资供应部门和质量部门等各相关部门按照新版程序文件的要求进行部门级静电防护需求识别，根据程序文件要求填写《静电需求识别结果汇总表》及《ESDS 电子产品处置人员名单》，并由归口部门收集后组织相关部门对《静电需求识别结果汇总表》及

《ESDS电子产品处置人员名单》进行评审，建立组织级的《静电需求识别结果汇总表》和《ESDS电子产品处置人员名单》，经静电防护负责人批准后，下发至生产部门、研发部门、物资供应部门、质量部门等各相关部门，作为部门EPA划分的依据。

注：按照静电防护管理体系要求对在用的文件进行严格管理，也可参考产品质量管理体系对文件的相关要求，在质量管理体系相关文件基础上增加静电防护管理相关内容。

案例9　在用静电防护文件未经审批确认

问题描述

某公司人力资源部门《静电防护管理制度文件》提供的材料是未经审核批准的版本。

问题分析

该公司人力资源部门的主管领导和专员没有意识到部门制度也需要进行审核批准。

未经审核批准版本可能会导致引用标准、要求等错误，从而容易引发静电防护管理失效。

不符合相关标准

Q/QJA 118—2013：4.2.3 a）为使文件是充分与适宜的，文件发布前应得到批准。

GB/T 32304—2015：4.2.3.2 a）文件发布前获得批准，以确保文件的充分性与适宜性。

应采取的措施

人力资源部门组织相关工作人员完成静电防护管理文件审核批准发布，针对文件控制的要求进行专项学习，杜绝后续工作中出现无效版本文件流转的情况。

注：组织应建立完善的管理手册、程序文件以及三层次静电防护管理体系相关文件的审批发布制度，相关人员要熟知并严格执行。

案例 10 静电防护三层次文件未及时更新

问题描述

某部门的静电防护三层次文件中规定了一间实验室为部门 EPA，而实际情况是该实验室已于前一年年底转交其他部门使用，本部门不再对该 EPA 行使管理职责，但部门三层次文件中没有及时更新。

问题分析

该部门主管领导在 EPA 按照厂里要求转移后，没有及时调整职责范围并更新部门与 EPA 管理相关的三层次文件，导致部门编制的三层次文件《防静电管理制度》没有及时更新。

而且，该部门未将 EPA 管理职责移交，而新部门也没有将该实验室 EPA 纳入本部门的管理文件中。

三层次文件是部门级别的指导性操作文件。EPA 相关的人员管理、设施配置、日常监视测量、记录、操作规范等要求均在《防静电管理制度》中予以规定，在必要时没有对文件进行更新，EPA 的归属部门不明确或职责不具体，将导致对该 EPA 不能实现规范管理。

不符合相关标准

Q/QJA 118—2013：4.2.3 b）组织应编制程序文件，必要时对文件进行评审与更新，并再次批准。

GB/T 32304—2015：4.2.3.2 b）组织应编制程序文件，必要时对文件进行评审与更新，并再次批准。

应采取的措施

原 EPA 管理部门变更三层次文件，删除该 EPA 相关管理职责；当前 EPA 管理部门变更三层次文件，增加该 EPA 相关管理职责。

注： 最高管理者、组织机构、部门职责、EPA或体系文件等有变更时，按照体系文件要求要重新进行修订和评审，以保持文件的适用性。当EPA管理职责移交至其他部门后，双方均应变更三层次文件，共同明确该EPA的部门归属。

案例 11 缺少静电防护文件发放受控记录

问题描述

某静电防护职能部门未能提供 GJB 548 标准文件的发放受控记录。

问题分析

本文件作为国家军用标准应归类于外来文件，由文件管理归口部门对其进行受控管理，负责发放、回收、更新、作废等处理。管理人员错误地认为文件是外部公开文件，因此并没有按照静电防护管理体系文件要求对该文件进行严格的发放受控管理。

对于外来文件的发放受控疏忽可能会导致使用人员获取非预期的文件版本，使用错误的文件会导致静电防护相关要求无法正确传递和执行。

不符合相关标准

Q/QJA 118—2013：4.2.3 f）组织应编制程序文件，确保外来文件得到识别，并控制其分发。

GB/T 32304—2015：4.2.3.2 f）组织应编制程序文件，确保外来文件得到识别，并控制其分发。

应采取的措施

由静电防护主管部门梳理涉及的内外部文件，并对文件受控情况进行检查，防止误用错用。根据组织的实际情况，进一步明确受控文件清单、发放范围以及管理要求。

注： 组织应建立完善的文件受控管理制度，对于外来文件要有效识别并使其严格受控，并在发放过程中采取必要的管理控制措施。

案例12　静电防护责任部门缺少必需的三层次文件

问题描述

某生产部门的EPA内大量重复使用防静电屏蔽包装袋，但未能提供防静电屏蔽包装袋日常监视和测量管理相关的三层次文件。

问题分析

该组织的静电防护管理体系建立不久，没有按照体系标准要求结合部门实际情况形成细化的可操作的部门级三层次文件。

三层次文件是对程序文件要求的细化，可以更贴近使用部门的实际生产情况，根据部门的管理过程制定更适宜的规章制度，使静电防护管理体系在具体执行过程中有更强的可操作性。

不符合相关标准

Q/QJA 118—2013：4.2.1 d）静电防护管理体系文件应包括：组织为确保体系有效策划、运行和控制所需的文件。

GB/T 32304—2015：4.2.1 d）静电防护管理体系文件应包括：组织为确保体系有效策划、运行和控制所需的文件。

应采取的措施

该生产部门按照体系标准、静电防护管理体系文件中对重复使用防静电屏蔽包装袋的要求，结合实际情况完成防静电包装袋日常监视和测量管理相关的三层次文件编制，经过评审后发布实施。

注：对于静电防护管理体系文件和相关标准文件规定不详细的要素和管理细节，可通过编制针对性的三层次文件进行细化管理。

第 4 章　策　划

策划是航天电子产品静电防护管理体系确定目标并开展充分有效识别的一项重要工作。关于策划的不符合问题主要表现为：静电防护目标不具体或未进行考核；未能提供静电防护需求识别的相关材料、识别过程或依据标准不准确；未进行持续识别等。目前静电防护识别主要还是针对静电放电敏感电子产品，对静电放电敏感元器件进行静电放电敏感度识别，明确基本的静电敏感电压和等级，却往往不重视或忽视了持续识别。更为普遍的是，对于有静电防护要求的过程、人员及客户的静电防护需求也未能进行持续识别，其识别仅仅停留在体系初建阶段。另外，识别后未同步对相应的技术文件进行变更的问题也相对突出。

案例13 未把组织的静电防护目标分解到部门

问题描述

某静电防护职能部门不能提供本部门的年度静电防护目标。

问题分析

该部门静电防护管理体系管理人员错误地认为只要公司建立了静电防护目标并按照目标进行执行和考核即可，没有意识到需要结合部门在静电防护管理体系内的职能和层次，进一步分解细化形成本部门的静电防护目标。

如果不进行组织目标向各个部门的分解，会导致一些部门没有适合自己的年度目标，进而出现体系管理无章可循、无法可依、无法落地的情况。

不符合相关标准

Q/QJA 118—2013：5.1.1 最高管理者应确保在组织的相关职能和层次上建立静电防护目标。

GB/T 32304—2015：5.1.1 最高管理者应确保在组织的相关职能和层次上建立静电防护目标。

应采取的措施

根据公司的年度静电防护目标，结合部门工作职责进行有针对性的目标分解，并按照分解的目标内容进行日常监测与考核。

注： 组织的年度目标一般都是针对体系运行提出的总体要求，并不是所有目标都适用于每个部门（例如人力部门一般就不会涉及EPA管理类的目标），一些部门在体系中有特定职责，其目标也未必会在组织的总目标中体现。在进行年度目标分解时，各部门均应根据管理手册中给其分配的职责，结合总目标的实现要求，在对应的职能层面上进行分解，确保各部门的职责充分落地。

案例 14　未对静电防护目标进行考核

问题描述

某公司采购部门的目标分解中，未能提供外协外包过程中传递防护管理体系相关要求的目标考核数据。

问题分析

采购部门的管理人员在开展目标分解后，没有实际开展具体的考核工作，而直接在目标考核表中填写“完成”。

部门不开展目标考核，最直接的结果就是无法证实该项目标的要求是否落实到了年度静电防护管理工作中；开展了考核却未留存相应的见证材料，也无法证明工作的实际开展情况。这种只填结论的方式最可能出现的问题就是责任人员应付差事，并没有实际开展目标要求的工作，却直接填写“完成”的结论，容易导致体系管理在部门级失控。

不符合相关标准

Q/QJA 118—2013：5.1.1 最高管理者应确保在组织的相关职能和层次上建立静电防护目标。

GB/T 32304—2015：5.1.1 最高管理者应确保在组织的相关职能和层次上建立静电防护目标。

应采取的措施

对部门本年度产生的外协外包合同进行自查，检查是否在合同中采用了模板化的方式传递静电防护管理体系标准等，并将考核的详细数据信息（包括但不限于外协外包合同数量、外协外包单位的静电防护情况等）填入目标考核表中。

注：体系标准中要求静电防护目标应具体、量化、可考核，因此在制定目标时要包含目标的具体内容、实现的具体方式、考核的数据指标和计算方法以及实际的考核数据，这样得出“完成”的目标考核结论才有效果并令人信服。

案例 15　未识别 ESDS 器件的静电敏感度

问题描述

某研究所《静电防护需求识别结果汇总表》中列出的元器件敏感电压存在“未核查”的记录，只列出了 ESDS 器件的类型，缺少器件敏感度等级、敏感电压等信息。同时，汇总表中也缺少对敏感组件和敏感单机的识别。

问题分析

对 ESDS 器件的识别不全面，部分元器件虽然已经列入 ESDS 器件的清单中，但对器件的静电敏感度等级和静电敏感电压并没有标注，也未进行评审和确认。在之后的防护要求识别时，如果器件静电敏感度等级错误，会导致静电过程、区域、人员等一系列识别不准确问题。

不符合相关标准

Q/QJA 118—2013：5.1.2 组织应识别所处置的电子产品的静电敏感度、静电抗扰度或静电防护要求。

GB/T 32304—2015：5.1.2.1 组织应识别所处置的电子产品的静电敏感度、静电抗扰度或静电防护要求。

应采取的措施

收集并确定“未核查”元器件的敏感电压值，同时进一步识别敏感组件和敏感单机，以及制造过程环节，完善识别清单。

> **注：** ESDS 器件的等级可以通过实验获得敏感度数据或者利用厂家给出的敏感度数据（见图 4－1、图 4－2），也可以利用敏感度数据手册或典型器件敏感度来查询，见表 4－1。细致确认涉及的 ESDS 器件，并对每个生产工序进行 ESD 风险排查，分析评定产品不同形态时的 ESD 敏感度，综合分析，制定 ESD 防护方案。

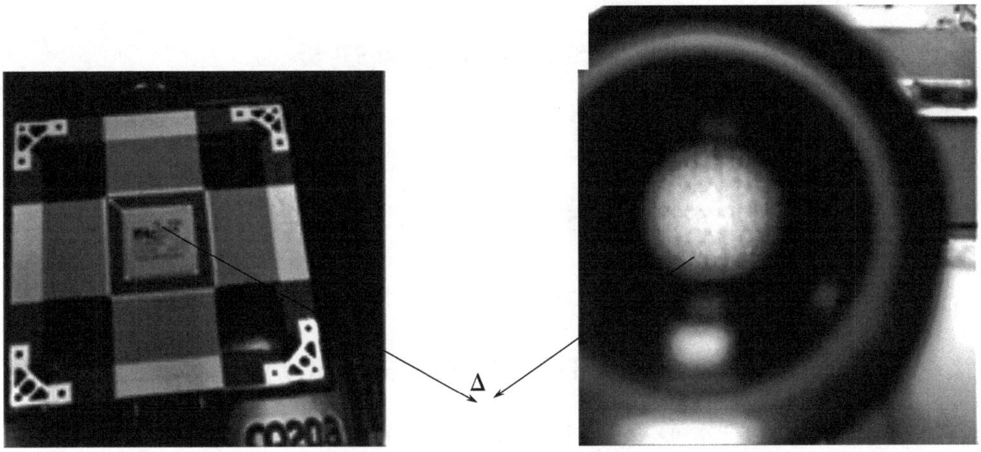

图 4-1　产品包装的警示标识和敏感度信息示例

ESD警告

ESD（静电放电）敏感器件。
带电器件和电路板可能会在没有察觉的情况下放电。尽管本产品具有专利或专有保护电路，但在遇到高能量ESD时，器件可能会损坏。因此，应当采取适当的ESD防范措施，以避免器件性能下降或功能丧失。

V_{esd}	在所有引脚进行放电	HBM	−1 500	+1 500	V
		MM	−200	+200	V

图 4-2　产品手册中的 ESD 警示标识示例

表 4-1　典型器件 HBM 敏感度

器件类型	敏感电压/V	器件类型	敏感电压/V
MOS FET	100～200	ECL 电路	300～2 500
J FET	140～1 000	SCL(可控硅)	680～1 000
GaAs FET	100～300	S-TTL	300～2 500
CMOS EPROM	250～2 000	DTL	380～7 000
HMOS	50～500	石英及压电晶体	<10 000
E/DMOS	200～1 000	(厚、薄)膜电阻器	300～3 000
VMOS	30～1 800	混合-单片 IC	190～2 500
PROM	100	Schottky 二极管	300～2 500
磁阻记录头(MR Heads)	1～100	场效应管(RF FETs)	1～100
表面声波器件(SAW devices)	1～100	平板显示与电荷耦合器件	50～150

案例 16　缺少静电敏感度级别的识别记录

问题描述

某企业未能提供所处置 ESDS 电子产品静电敏感度级别的识别记录。

问题分析

该企业未对自产的产品或外部采购的器件进行识别，未按照体系标准中规定的敏感度等级划分，未形成文件记录。未开展对 ESDS 电子产品静电敏感度的识别或者识别不准确，会导致静电过程、区域、人员等一系列识别结果不准确的问题。

不符合相关标准

Q/QJA 118—2013：5.1.2 组织应识别所处置的电子产品的静电敏感度、静电抗扰度或静电防护要求。

GB/T 32304—2015：5.1.2.1 组织应识别所处置的电子产品的静电敏感度、静电抗扰度或静电防护要求。

应采取的措施

对企业自产的产品或外部采购的器件进行静电敏感度识别并形成文件记录。

注： 组织应识别所处置的电子产品的静电敏感度、静电抗扰度或静电防护要求，见表 4-2、表 4-3。在程序文件中做出规定，所采购原料或生产制品均应纳入识别项目，形成 ESDS 器件清单，提出 ESDS 电子产品的静电防护要求，并在评审后生效。ESDS 器件清单应根据采购或生产制品的变化定期进行更新，以保证持续有效。

表4-2　静电防护需求识别结果汇总表

部门：　　　　　　　　　　　　　　　　　　　　编号：

序号	所处置的ESDS电子产品名称（单板级组件/部件）	静电敏感度或抗扰度级别	有静电防护要求的处置过程	处置场所的类别
1				
2				
3				

表4-3　静电防护需求过程识别汇总表

部门：

序号	产品名称、类别	需求过程	静电防护措施	备注
1		元器件□、组装□、测试□、检验□、试验□、包装□、传输□、其他		
2		元器件□、组装□、测试□、检验□、试验□、包装□、传输□、其他		
3		元器件□、组装□、测试□、检验□、试验□、包装□、传输□、其他		
…		…		

案例 17　未能提供从事 ESDS 电子产品处置的人员清单

问题描述

某研究室未能提供从事 ESDS 电子产品处置的人员清单。

问题分析

该研究室是新组建的，部门调整后未及时梳理从事 ESDS 电子产品处置的人员名单。

组织应识别出每个处置过程可能接触到产品的人员，并将这些人员都纳入静电防护管理体系中，如果没有及时识别或者识别不完善，有可能造成未经静电防护培训合格的人员进行 ESDS 电子产品处置时引发静电放电事件。

不符合相关标准

Q/QJA 118—2013：5.1.2 组织应识别有静电防护要求的过程、环节、区域、人员等。

GB/T 32304—2015：5.1.2.2 组织应识别有静电防护要求的过程、区域、人员等。

应采取的措施

对处置 ESDS 电子产品的人员进行识别并形成人员清单。

注：对处置人员的识别应覆盖到电子产品生产制造的全过程。在确认有哪些环节会涉及 ESDS 电子产品后，对现场需要接触 ESDS 电子产品的人员进行识别，并在程序文件中做出规定，所识别出的处置人员需要按照手册或程序文件中的要求进行管理，见表 4-4。

表 4-4　静电防护管理体系关键岗位人员一览表

序号	姓名	性别	职称/职务	岗位	所在部门	证书编号	备注
1	XX	男	研究员	EPA 所在部门(XXXX)管理人员	总体室	ESDM2022-XXXX	

续表

序号	姓名	性别	职称/职务	岗位	所在部门	证书编号	备注
2	XX	男	副主任设计师	EPA所在部门(XXXX)内审员	总体室	ESDA2022-XXXX	
3	XX	男	实验师	EPA所在部门(XXXX)监视测量人员	总体室	ESDT2022-XXXX	
4	XX	女	高工	EPA所在部门(XXXX)内审员	电子信息室	ESDA2022-XXXX	
5	XX	女	工程师	EPA所在部门(XXXX)内审员	电子信息室	ESDA2022-XXXX	
6	XX	女	高工	EPA所在部门(XXXX)监视测量人员	电子信息室	ESDT2022-XXXX	

案例 18　未识别出 ESDS 电子产品处置区域

问题描述

未将 ESDS 电子产品清洗间识别为 EPA。

问题分析

组织在开展 EPA 规划时，参与人员不了解该 ESDS 电子产品生产的特点，未能及时准确地识别出所有需要进行静电防护的区域。

产品的清洗过程场所未划入 EPA，在该区域中处置 ESDS 电子产品时，会由于未经确认静电防护条件是否满足体系要求的情况下而可能使 ESDS 电子产品受到静电放电损伤。

不符合相关标准

Q/QJA 118—2013：5.1.2 组织应识别有静电防护要求的过程、环节、区域、人员等。

GB/T 32304—2015：5.1.2.2 组织应识别有静电防护要求的过程、区域、人员等。

应采取的措施

立即组织识别和评审，将 ESDS 电子产品清洗间纳入静电防护管理体系，作为 EPA 进行管理，如在清洗间进行操作时，不仅需要做好个人防护工作，也需要有静电防护措施，并将整个清洗过程中接触 ESDS 电子产品的区域、设施、人员均纳入管理体系中。

注：在识别过程中，首先识别 ESDS 电子产品，再识别 ESDS 电子产品的处置场所，包括从采购到生产、检验、包装、运输、贮存等所有环节。ESDS 电子产品处置部门根据识别后的《ESDS 电子产品及静电防护过程明

细表》，对本部门涉及的 ESDS 电子产品处置区域进行识别，划分 EPA，编制《EPA 分类明细表》。ESDS 电子产品识别表（见表 4－5）中包含所处置 ESDS 电子产品的处置过程和处置场所信息。

表 4－5　ESDS 电子产品别表示例

序号	所处置 ESDS 电子产品类型或名称	所处置 ESDS 电子产品静电敏感度/抗扰度等级	所处置 ESDS 电子产品处置过程	所处置 ESDS 电子产品处置场所
1	1553B 芯片	2 级	采购、贮存、转运、检验、包装、标识	XXXⅠ类元器件库房Ⅱ、XXX 电子生产线、XXX 总装总测生产线
2	ADC	1B 级、2 级	采购、贮存、转运、检验、包装、标识	XXXⅠ类元器件库房Ⅱ、XXX 电子生产线、XXX 总装总测生产线

案例 19　未识别客户的静电防护需求

问题描述

未能提供对客户静电防护需求识别的信息记录。

问题分析

该公司未将负责与客户沟通的部门人员纳入静电防护管理体系中，这部分人员虽然没有直接与静电 ESDS 器件接触，但如果缺乏静电防护意识，缺少和客户的有效沟通，会造成售前和售后服务以及客户需求的与静电防护相关的内容不能及时传达。

不符合相关标准

Q/QJA 118—2013：5.1.2 组织应对客户的静电防护需求进行识别并加以满足，主动与客户交流沟通。

GB/T 32304—2015：5.1.2.3 组织应对客户的静电防护需求进行识别并加以满足，主动与客户交流沟通。

应采取的措施

将该部门纳入静电防护管理体系中，组织相关人员立即与客户进行沟通，识别客户静电防护需求并予以记录，按照识别程序文件要求形成识别记录。

注： 标准中要求组织应主动与顾客交流沟通，对其静电防护需求进行识别并加以满足，识别流程如图 4－3 所示。组织内负责与客户沟通的部门（独立的市场部门或者各部门负责与客户对接的人员），都应该对客户的静电防护需求（可以是客户明示的或相关规范要求的，客户未提出或未认识到但从产品角度应该实施的，需要向客户询问的或确认的）进行识别，并在产品设计、生产、包装、运输等过程中加以满足。一般通过满意度调查、合同、技术文件、图纸等文件进行识别，形成需求识别汇总，在文件中提出要求加以规定（见图 4－4），并在有变化时更新（见图 4－5），以保持持续有效。

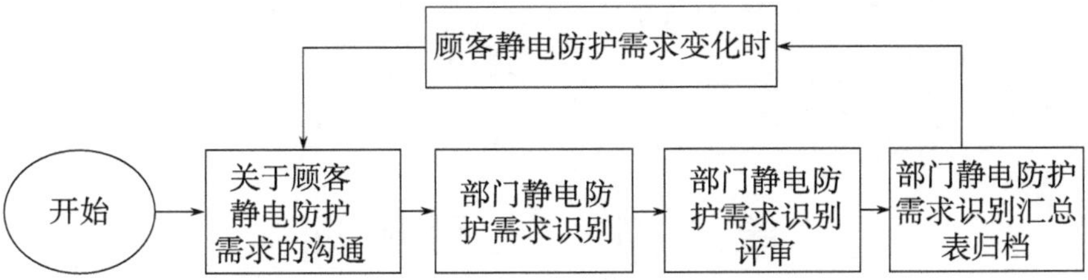

图 4－3　客户需求识别流程示例

4.1.6　客户的静电防护需求识别

客户的静电防护需求识别要求如下:
a)识别客户的静电防护需要，并予以满足;
b)属于静电敏感的产品（器件级、板级和模块级)，均使用静电防护标识的屏蔽包装袋进行密封包装。

图 4－4　程序文件中规定的客户需求识别内容示例

×××-T-01 部门静电需求识别结果汇总表
×××-T-02 防静电工作区(EPA)信息一览表
×××-T-03 防静电工作区(EPA）防静电设备设施一览表
×××-T-04 静电防护管理体系关键岗位人员一览表

图 4－5　程序文件中对识别更新的要求示例

第5章　人员培训

人员培训是航天电子产品静电防护管理体系重点围绕科研生产过程中“人员”这一关键要素，确保体系运行管理所需的人员静电防护意识和能力符合要求的重要方式。关于人员培训的不符合问题主要表现为：静电防护关键岗位人员培训覆盖率不能达到100%，存在部分岗位或部门人员未参加培训情况；部分需要持证上岗的人员，未能参加外部培训取得资格证书；对于外协人员培训的要求落实不到位。对于人员培训的要求，除满足标准要求以外，还需要体系建设单位根据实际情况制定人员培训的细化要求，如培训周期、培训实施效果考核等。静电防护培训周期在Q/QJA 118—2013中未做明确要求，各个单位执行情况会有不同。

案例 20　缺少静电防护负责人的培训记录

问题描述

某研究所未能提供静电防护负责人的静电防护相关培训记录。

问题分析

静电防护负责人为今年工作职责调整后由最高管理者新近任命和授权，未能及时参加相关培训和取证。

静电防护负责人作为体系的管理者代表，如果对静电防护常识、体系基本知识、管理方法和相关的标准规章制度不了解、不熟悉，可能会导致做出的决策无法满足静电防护管理体系运行要求，甚至如果给出错误的指示则会造成静电防护系统失效。

不符合相关标准

Q/QJA 118—2013：5.2 组织应规定人员培训要求。对静电防护管理人员、处置或可能接触 ESDS 电子产品的所有人员（包括保洁人员、维修人员、来访人员等）应进行有关静电放电及其防护知识的初始培训和周期性培训。

GB/T 32304—2015：5.2.1 组织应规定人员培训要求。对静电防护管理人员、处置或可能接触 ESDS 电子产品的所有人员（包括保洁人员、维修人员、来访人员等）应进行有关静电放电及其防护知识的初始培训和周期性培训。

应采取的措施

对静电防护负责人进行补充培训。

注： 静电防护负责人应学习静电防护常识、体系基本知识、管理方法和相关的标准规章制度，取得相应的静电防护人员上岗证，并在任期内持续参加培训并学习静电防护相关知识。

案例 21 缺少静电防护职能部门领导的培训记录

问题描述

人力资源部门未能提供本部门领导的静电防护相关知识培训记录。

问题分析

人力资源部门对静电防护管理体系要求的各类人员岗位职责识别不到位，造成相关管理部门人员未参加相应培训。另外，静电防护人员培训管理程序没有对人力资源部门监督管理静电防护人员培训职责提出明确要求。

不符合相关标准

Q/QJA 118—2013：5.2 组织应规定人员培训要求。对静电防护管理人员、处置或可能接触 ESDS 电子产品的所有人员（包括保洁人员、维修人员、来访人员等）应进行有关静电放电及其防护知识的初始培训和周期性培训。

GB/T 32304—2015：5.2.1 组织应规定人员培训要求。对静电防护管理人员、处置或可能接触 ESDS 电子产品的所有人员（包括保洁人员、维修人员、来访人员等）应进行有关静电放电及其防护知识的初始培训和周期性培训。

应采取的措施

对各部门从事 ESDS 电子产品的相关人员进行有效识别，同时组织对本部门相关技术人员就静电防护进行部门级培训，培训内容为静电防护管理体系文件、静电防护人员应知应会表等，让业务主管及技术人员在工作中学习、理解静电防护相关要求。同时，在《静电防护人员培训管理程序》中补充人力资源部门的“监管”职责。

注： 在静电防护管理体系要求中虽未强制要求静电防护职能及 EPA 管理部门领导经过培训后考核上岗，但要确保静电防护职能部门领导的静电防护意识和管理能力满足要求，必须有相应的宣贯和培训。

案例 22　ESDS 电子产品处置人员无证上岗

问题描述

某研究所 5 名防静电原材料检验人员，无静电防护人员上岗资格证。

问题分析

静电防护主管部门在识别静电防护人员清单时遗漏了防静电原材料检验人员，人力资源管理部门在制定静电防护人员上岗培训考核计划时，也未能发现该部门防静电原材料检验人员未纳入考核的情况。

无静电防护人员上岗资格证人员可能未参加过静电防护相关知识的培训，防护意识薄弱，防护能力不足，很容易违反体系管理相关要求，可能造成检验防静电材料时因未正确操作而出现不符合预期的测量结果，增加在处置 ESDS 器件过程中发生静电放电损伤的风险。

不符合相关标准

Q/QJA 118—2013：5.2 组织应规定人员培训要求。对静电防护管理人员、处置或可能接触 ESDS 电子产品的所有人员（包括保洁人员、维修人员、来访人员等）应进行有关静电放电及其防护知识的初始培训和周期性培训。

GB/T 32304—2015：5.2.1 组织应规定人员培训要求。对静电防护管理人员、处置或可能接触 ESDS 电子产品的所有人员（包括保洁人员、维修人员、来访人员等）应进行有关静电放电及其防护知识的初始培训和周期性培训。

应采取的措施

立即对这 5 人开展上岗培训，考核合格后重新上岗。

注：静电防护管理人员、审核人员、监视测量人员以及从事 ESDS 电子产品处置的操作人员，均应通过培训获得上岗资格，并进行周期性培训，培训计划见表 5-1。

表 5－1　静电防护培训计划示例

序号	项目名称	培训内容	培训目的	参训人员	主管部门	培训形式	培训时间	备注
1	静电防护管理体系建设	静电防护知识	了解审核要求、保证体系建设符合管理要求、确保 ESDS 电子产品处置人员培训全覆盖，增加 1～2 名内审员	EPA 所在部门相关人员	质量部	外训/内训	3～11 月	考试取证

处置人员上岗证过期未重新取证、新员工入职后未按 ESDS 电子产品处置人员管理、处置人员清单未更新等；或未对“处置 ESDS 电子产品的持证上岗人员”“可能接触 ESDS 电子产品的人员”和“与静电防护管理体系建设和运行有关的各级管理人员”等各类人员进行界定和规定，都会造成无证上岗的情况。其中，与产品直接接触的人员最为重要，产品制造全过程中可能与 ESDS 电子产品接触的操作人员均应取得上岗资格，单位人事管理部门或二级部门的管理人员应掌握本单位或本部门所有相关人员并形成人员清单（见表 5－2），按照岗位职责对处置人员进行培训（厂所级或部门级、班组级），做到 100% 持证上岗（见图 5－1）。

表 5－2　静电防护人员清单示例

序号	姓名	性别	职称/职务	所在部门	岗位	证书编号	到期时间	培训效果	考核结果
1	XX	女	职员	事业部 1	ESDS 电子产品处置人员	53001	2024.5	培训已完成，具备防静电意识	考核已通过，满足上岗要求
2	XX	女	职员	事业部 1	ESDS 电子产品处置人员	53002	2024.5	培训已完成，具备防静电意识	考核已通过，满足上岗要求
3	XX	女	职员	事业部 2	ESDS 电子产品处置人员	43006	2023.12	培训已完成，具备防静电意识	考核已通过，满足上岗要求
4	XX	女	职员	事业部 2	ESDS 电子产品处置人员	43007	2023.12	培训已完成，具备防静电意识	考核已通过，满足上岗要求

续表

序号	姓名	性别	职称/职务	所在部门	岗位	证书编号	到期时间	培训效果	考核结果
5	XX	男	职员	事业部2	ESDS电子产品处置人员	43101	2023.12	培训已完成，具备防静电意识	考核已通过，满足上岗要求
6	XX	男	职员	事业部3	ESDS电子产品处置人员	43102	2023.12	培训已完成，具备防静电意识	考核已通过，满足上岗要求
7	XX	男	职员	事业部3	ESDS电子产品处置人员	43103	2023.12	培训已完成，具备防静电意识	考核已通过，满足上岗要求
8	XX	男	职员	事业部3	ESDS电子产品处置人员	43104	2023.12	培训已完成，具备防静电意识	考核已通过，满足上岗要求

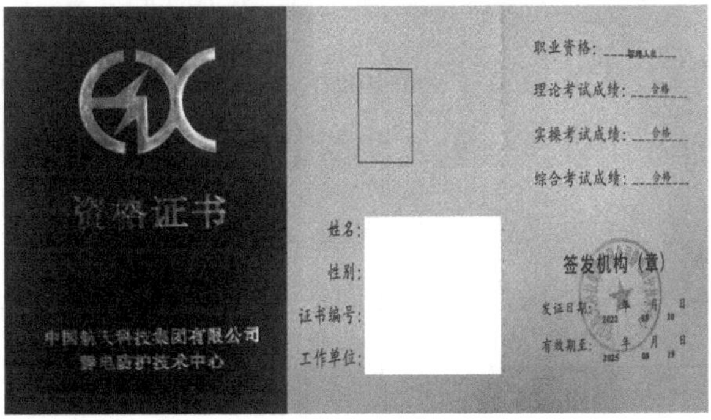

图5-1　静电防护人员上岗证示例

案例 23　ESDS 电子产品处置人员未参加周期性培训取证

问题描述

某 EPA 部门沈某的 ESDS 电子产品处置人员上岗证已过期。

问题分析

该部门 2018 年承担型号任务较多，人员出差现象频繁，导致部分静电防护持证人员未能按时参加本单位 4 月份举办的取证培训，后续也未完成补训考核，出现上岗证过期的情况。

不符合相关标准

Q/QJA 118—2013：5.2 组织应规定人员培训要求。对静电防护管理人员、处置或可能接触 ESDS 电子产品的所有人员（包括保洁人员、维修人员、来访人员等）应进行有关静电放电及其防护知识的初始培训和周期性培训。

GB/T 32304—2015：5.2.1 组织应规定人员培训要求。对静电防护管理人员、处置或可能接触 ESDS 电子产品的所有人员（包括保洁人员、维修人员、来访人员等）应进行有关静电放电及其防护知识的初始培训和周期性培训。

应采取的措施

梳理 ESDS 电子产品处置人员培训情况，建立培训人员清单，细化培训工作计划，如与人力资源部门协商，一年举办 2 次周期性培训，确保 ESDS 电子产品处置人员全部周期性培训到位，以应对高密度出差导致人员无法参加培训或补训的情况。

注： 在静电防护管理体系运行过程中，要持续开展静电防护人员的教育培训，不断提升 ESDS 电子产品处置人员的静电防护意识。人力资源管理部门和体系主管部门应相互配合，确保所有识别出的 ESDS 电子产品处置人员得到持续不间断的培训和能力提升。

案例 24　EPA 管理员不具备从事本岗位的静电防护知识与能力

问题描述

在现场询问静电防护相关基础知识时，某 EPA 管理员不能正确回答问题。

问题分析

该 EPA 管理员虽然在上岗前进行了培训，做到持证上岗，但一方面由于培训内容和深度不够，另一方面培训后未进行效果评价，导致 EPA 管理员掌握的静电防护基础知识不足，在现场问询中无法正确回答静电防护相关基础知识问题。如果 EPA 管理员不具备基础的静电防护知识和能力，将无法承担静电防护管理体系赋予 EPA 管理员的责任，可能会给 EPA 日常运行管理带来防护失效的风险。

不符合相关标准

Q/QJA 118—2013：5.2 组织应规定人员培训要求。对静电防护管理人员、处置或可能接触 ESDS 电子产品的所有人员（包括保洁人员、维修人员、来访人员等）应进行有关静电放电及其防护知识的初始培训和周期性培训。

GB/T 32304—2015：5.2.1 组织应规定人员培训要求。对静电防护管理人员、处置或可能接触 ESDS 电子产品的所有人员（包括保洁人员、维修人员、来访人员等）应进行有关静电放电及其防护知识的初始培训和周期性培训。

应采取的措施

组织对该 EPA 管理员进行教育培训，重点学习 EPA 管理岗位要求和静电防护基础知识，通过考核评价后重新上岗。

注：对于 EPA 管理员和操作人员，组织应有培训计划，规定培训的方式和频次，并且用合理的方法保证培训有效，培训效果评价表见表 5-3。除培训教育外，日常还需要通过其他措施来保证管理员以及体系相关人员对静

电防护知识的掌握。例如定期的学术交流、知识讲座、顾客或外部获取等，并通过询问、考核等方式了解ESDS电子产品处置人员、管理人员必要的静电知识和操作技能，使人员的静电防护意识能够保持且获得持续提升。

表5-3　静电防护培训效果评价表示例

说明:此表是为了评估员工培训工作效果,进而为培训工作的持续改进提供参考,请完整、诚实地回答,并在相应的数字上划圈。

评分标准:5(非常同意)、4(同意)、3(中立)、2(不同意)、1(非常不同意)

项目名称			培训日期		
课程目标					
对本课程有一定的了解和认识	5	4	3	2	1
课程内容达到我的期望程度	5	4	3	2	1
课程设计与安排					
课程内容安排妥当	5	4	3	2	1
讲授时间安排得当	5	4	3	2	1
所学知识在工作应用中有一定帮助或启发	5	4	3	2	1
培训讲师					
课前准备	5	4	3	2	1
讲课亲切度	5	4	3	2	1
课程内容表达	5	4	3	2	1
学员沟通效果	5	4	3	2	1

案例 25　缺少外来人员静电防护培训相关管理要求

问题描述

某公司静电防护管理体系的《人员培训管理控制程序》文件中，未规定对外来人员进行静电防护相关培训、告知等管理要求。

问题分析

该公司将静电防护工作重点集中在内部体系化运行管理过程，疏忽了对外来人员的静电防护管理要求。

如果外来人员没有经过静电防护知识的培训和告知，可能因为防护意识较薄弱，在 EPA 内需要做哪些防护、哪些器件不可触摸、哪些区域需要有人陪同等问题上没有清晰的认知，容易因为在 EPA 内行为上的静电防护操作失误而导致发生不必要的静电放电损伤事件。

不符合相关标准

Q/QJA 118—2013：5.2 组织应规定人员培训要求。对静电防护管理人员、处置或可能接触 ESDS 电子产品的所有人员（包括保洁人员、维修人员、来访人员等）应进行有关静电放电及其防护知识的初始培训和周期性培训。

GB/T 32304—2015：5.2.1 组织应规定人员培训要求，对静电防护管理人员、处置或可能接触 ESDS 电子产品的所有人员（包括保洁人员、维修人员、来访人员等）应进行有关静电放电及其防护知识的初始培训和周期性培训。

应采取的措施

组织修订《人员培训管理控制程序》和《防静电工作区管理控制程序》等静电防护管理体系文件，增加对外来人员的培训、告知等管理要求，严格把控外来人员进入 EPA 管理流程。

注： 静电防护的培训不仅针对处置人员，对于可能进入EPA并与ESDS器件接触的保洁人员、维修人员、外来试验人员、来访人员等，都应对其进行静电防护相关要求的培训和告知。临时进入EPA的人员，可能会与区域内的ESDS电子产品有接触或直接进行操作。一般来说，外来人员包括外协厂家、调试、维修、检查、测试、参观或者保洁人员。在他们进入EPA前进行检测并记录（见表5-4），告知其EPA内的管理要求（见图5-2），或对其进行静电防护要求的培训，在确认对方知悉后，方可允许其进入EPA。培训内容和形式以及确认的方式，在程序文件中做出规定。

表5-4　EPA外来人员登记表示例

工作区：

检测项目		检测人	日期
防静电鞋(鞋套)	防静电服		

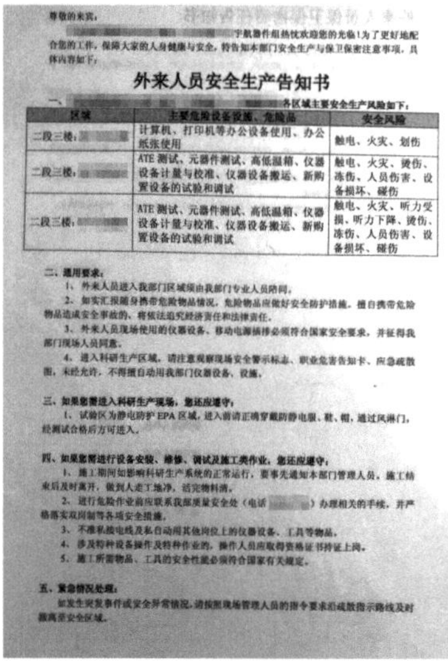
尊敬的来宾：

[illegible]宇航器件组热忱欢迎您的光临！为了更好地配合您的工作，保障大家的人身健康与安全，特告知本部门安全生产与保卫保密注意事项，具体内容如下：

外来人员安全生产告知书

一、[illegible]各区域主要安全生产风险如下：

区域	主要危险设备设施、危险品	安全风险
二段三楼：[illegible]	计算机、打印机等办公设备使用、办公纸张使用	触电、火灾、划伤
二段三楼：[illegible]	ATE测试、元器件测试、高低温箱、仪器设备计量与校准、仪器设备搬运、新购置设备的试验和调试	触电、火灾、烫伤、冻伤、人员伤害、设备损坏、碰伤
二段三楼：[illegible]	ATE测试、元器件测试、高低温箱、仪器设备计量与校准、仪器设备搬运、新购置设备的试验和调试	触电、火灾、听力受损、听力下降、烫伤、冻伤、人员伤害、设备损坏、碰伤

二、通用要求：

1、外来人员进入我部门区域须由我部门专业人员陪同。

2、如实汇报随身携带危险物品情况，危险物品应做好安全防护措施。擅自携带危险物品造成安全事故的，将依法追究经济责任和法律责任。

3、外来人员现场使用的仪器设备、移动电源插排必须符合国家安全要求，并征得我部门现场人员同意。

4、进入科研生产区域，请注意观察现场安全警示标志、职业危害告知卡、应急疏散图，未经允许，不得擅自动用我部门仪器设备、设施。

三、如果您需进入科研生产现场，您还应遵守：

1、试验区为静电防护EPA区域，进入前请正确穿戴防静电服、鞋、帽，通过风淋门，经测试合格后方可进入。

四、如果您需进行设备安装、维修、调试及施工类作业，您还应遵守：

1、施工期间如影响科研生产系统的正常运行，要事先通知本部门管理人员，施工结束后及时离开，做到人走工地净，活完物料清。

2、进行危险作业前应联系我部质量安全处（电话[illegible]）办理相关的手续，并严格落实双岗制等各项安全措施。

3、不准私接电线及私自动用其他岗位上的仪器设备、工具等物品。

4、涉及特种设备操作及特种作业的，操作人员应取得资格证书持证上岗。

5、施工所需物品、工具的安全性能必须符合国家有关规定。

五、紧急情况处理：

如发生突发事件或安全异常情况，请按照现场管理人员的指令要求沿疏散指示路线及时撤离至安全区域。

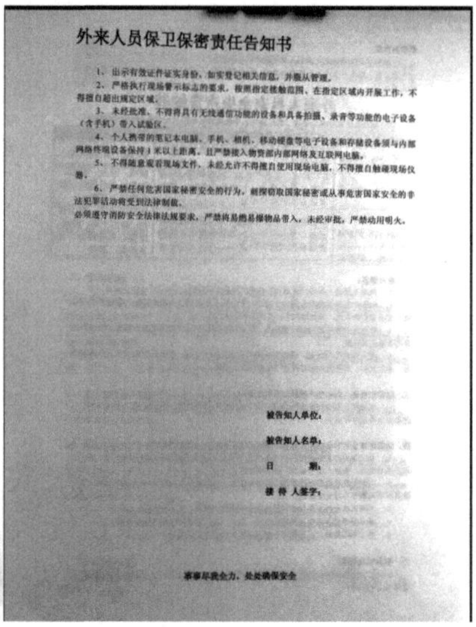
[redacted]

外来人员保卫保密责任告知书

1、出示有效证件证实身份，如实登记相关信息，并服从管理。

2、严格执行现场警示标志的要求，按照指定接触范围、在指定区域内开展工作，不得擅自超出规定区域。

3、未经批准，不得将具有无线通信功能的设备和具备拍摄、录音等功能的电子设备（含手机）带入试验区。

4、个人携带的笔记本电脑、手机、相机、移动硬盘等电子设备和存储设备须与内部网络终端设备保持1米以上距离，且严禁接入物资部内部网络及互联网电脑。

5、不得随意观看现场文件，未经允许不得擅自使用现场电脑，不得擅自触碰现场仪器。

6、严禁任何危害国家秘密安全的行为，刺探窃取国家秘密或从事危害国家安全的非法犯罪活动将受到法律制裁。

必须遵守消防安全法律法规要求，严禁将易燃易爆物品带入，未经审批，严禁动用明火。

被告知人单位：

被告知人名单：

日　　期：

接待人签字：

事事尽我全力，处处确保安全

图5-5　EPA外来人员安全责任告知书示例

案例 26　未制定年度静电防护培训计划

问题描述

某研究所未能提供年度静电防护相关培训计划。

问题分析

该研究所在年中开展静电防护管理体系建设，除了体系建设与认证必备的已开展静电防护相关人员培训外，未再单独制定本年度静电防护培训计划，也未及时在研究所的年度培训整体计划调整中体现静电防护相关内容。

如果一个组织未制定年度静电防护培训计划，容易导致组织内静电防护相关岗位人员无法通过教育培训获取到最新的静电防护知识、静电防护管理体系更新要求、持续性确保满足 ESDS 电子产品处置以及体系管理岗位要求等。

不符合相关标准

Q/QJA 118—2013：5.2 组织应编制程序文件：a）对人员进行静电防护培训的类型与频次做出规定。

GB/T 32304—2015：5.2.2 组织应编制程序文件：a）对人员进行静电防护培训的类型与频次做出规定。

应采取的措施

结合主营业务静电防护工作实际，按照体系要求对年度防静电培训内容进行梳理，补充增加 ESDS 电子产品处置人员周期性培训、监视测量人员和内审员外部取证、元器件库房静电防护管理人员上岗证等培训计划，并在研究所年度培训整体计划调整中纳入。

注：组织应按照静电防护识别结果形成人员清单，依据清单中涉及的静电防护负责人、部门领导、EPA 管理员、监视测量人员、内审员等制定人员培训计划，该计划可以独立编制，也可以并入组织的年度培训整体计划中，然后按计划开展静电防护相关培训工作。

案例 27 未开展部门级静电防护人员培训

问题描述

某 ESDS 电子产品生产部门未能提供 2016 年 3 月 10 日至 2017 年 9 月 6 日期间的部门级静电防护相关培训记录。

问题分析

该部门未按照体系要求编制部门级静电防护教育培训计划，导致未开展部门级静电防护管理体系相关人员培训。

因未持续开展部门级静电防护相关的培训，导致 ESDS 操作人员静电防护意识松懈，极易引发静电放电事故。

不符合相关标准

Q/QJA 118—2013：5.2 组织应规定人员培训要求。对静电防护管理人员、处置或可能接触 ESDS 电子产品的所有人员（包括保洁人员、维修人员、来访人员等）应进行有关静电放电及其防护知识的初始培训和周期性培训。

GB/T 32304—2015：5.2.1 组织应规定人员培训要求，对静电防护管理人员、处置或可能接触 ESDS 电子产品的所有人员（包括保洁人员、维修人员、来访人员等）应进行有关静电放电及其防护知识的初始培训和周期性培训。

应采取的措施

立即组织一次部门静电防护相关人员培训，培训内容应覆盖体系文件以及部门 ESDS 电子产品处置相关知识，并按照公司体系文件要求，补充制定部门级静电防护培训计划。同时，静电防护主管部门应在内审和日常检查中进一步加强对公司内各个部门教育培训相关工作的监督。

注： 组织层面开展的培训，一般为上岗技能培训和周期性技能培训；部门层面开展的培训，一般主要包括体系文件宣贯和部门规章制度的学习。组织应确保各级培训计划能够按照体系要求建立并按计划开展，确保培训效果。

案例 28　缺少静电防护人员培训效果评价

问题描述

某公司人力资源部门未提供静电防护人员培训效果评价表。

问题分析

人力资源部门作为公司培训归口管理部门，未收取、整理公司各组织实施部门开展的相关培训的材料；安全生产管理部门（静电防护管理体系主管部门）在组织防静电工作区工作人员静电防护周期性培训后未及时提交培训总结表，因此造成静电防护人员培训证据材料缺项。

缺少人员培训效果评价表，可能导致一些参加了静电防护教育培训但未达标的人员继续从事静电防护相关工作，从而增大了日常工作中 ESDS 电子产品发生静电放电损伤的风险。

不符合相关标准

Q/QJA 118—2013：5.2 组织应规定人员培训要求。对静电防护管理人员、处置或可能接触 ESDS 电子产品的所有人员（包括保洁人员、维修人员、来访人员等）应进行有关静电放电及其防护知识的初始培训和周期性培训。

GB/T 32304—2015：5.2.1 组织应规定人员培训要求，对静电防护管理人员、处置或可能接触 ESDS 电子产品的所有人员（包括保洁人员、维修人员、来访人员等）应进行有关静电放电及其防护知识的初始培训和周期性培训。

5.2.2 编制程序文件：c）规定培训效果的评价和考核办法。

应采取的措施

人力资源部门督促安全生产管理部门（静电防护管理体系主管部门）完成本次培训效果评价并做好人员能力确认，如果出现不达标人员还需开展补充措施。

注：一般组织内由人力资源部门统筹负责全部人员教育培训与取证管理，各个职能部门（包括静电防护管理体系主管部门）按照管理职责分工分别组织开展管理与技术培训，最终由人力资源部门保存全部人员教育培训考核记录。

第 6 章　防静电工作区（划分）

防静电工作区的划分是航天电子产品静电防护管理体系中确定处置 ESDS 电子产品重要场所的关键性工作内容。在防静电工作区划分方面的不符合问题主要表现为：EPA 无明确的边界或无统一、醒目的标识，也会出现无 EPA 管理员的情况，导致 EPA 管理混乱。

案例 29　未划分 EPA 边界

问题描述

某实验室处置非 ESDS 电子产品的区域，与用于处置 ESDS 电子产品的区域没有明确的划分边界。

问题分析

该实验室根据生产要求，既要处置 ESDS 电子产品也要处置非 ESDS 电子产品，但未使用 EPA 边界标识将处置非 ESDS 电子产品的设备划分隔离，导致在现场无法直接且正确区分 EPA 和非 EPA。

没有明显的边界和警示性的标识，会给 EPA 带来防静电设施与非防静电设施混用的风险，若没有熟悉区域使用情况的人员告知，可能导致 ESDS 器件放置到没有经过静电防护处理过的工作区域内，或者在 EPA 内放置了非敏感或其他非必要实验物品，增加静电放电风险。

不符合相关标准

Q/QJA 118—2013：5.3.2 组织应根据 5.1.2 识别的结果明确划分出 EPA，用于处置航天电子产品。每个 EPA 应有明确的边界和统一、醒目的标识，并指定责任人。

GB/T 32304—2015：5.3.2 组织应根据 5.1.2 识别的结果明确划分出 EPA，用于处置 ESDS 电子产品。在非固定场所或临时场所处置未经防护的 ESDS 电子产品，也应建立一个临时 EPA。每个 EPA 应设置明确的边界和统一、醒目的标识，并指定责任人。

应采取的措施

立即在 EPA 边界使用边界标识进行划分。

注：EPA 的形式多样，可以是独立的工作台，也可以是整个库房、操作间、活动或固定的工作站、维修工作场所等之一或组合构成。在 EPA 内处置的 ESDS 元件大部分是没有静电防护封装或包装的，因此 EPA 内设施和人员均应有防护措施且只有具备处置资格的人员才可进入。标准要求在 EPA 入口处应设置规定的警示标识，保证人员进入 EPA 时能清楚看到。如果 EPA 是独立的小区域，则应有明确划定的边界，一般使用黄底黑色的警示标志线来划定，如图 6－1～图 6－3 所示。

图 6－1　SMT 自动化生产线 EPA 边界图示例

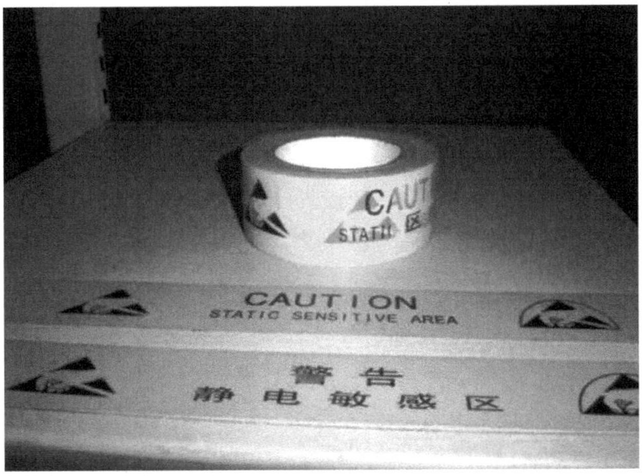

图 6－2　EPA 警示标识胶带示例

图 6-3　EPA 警示边界线示例

案例 30　EPA 入口处未张贴 EPA 标识

问题描述

某老化间的 EPA 入口处无 EPA 标识，其所在大房间门口贴有“非 EPA”标识。

问题分析

该老化间在处置 ESDS 电子产品的同时，也有非 ESDS 电子产品正在做试验，但是在处置的过程中没有将敏感产品和非敏感产品区分开，且划定的小区域虽然在管理文件中有识别，但现场并无明显警示标识，操作人员在该区域内也没有相应的防护措施。

在 EPA 入口处缺失专门的 EPA 标识会降低警示效力，可能会导致在非 EPA 处置 ESDS 电子产品，增加产品发生静电放电损伤的风险。

不符合相关标准

Q/QJA 118—2013：5.3.7.2 应在 EPA 入口处显著位置贴挂规定的标识，工作人员进入 EPA 时应严格遵守其规定。

GB/T 32304—2015：5.3.2 组织应根据 5.1.2 识别的结果明确划分出 EPA，用于处置 ESDS 电子产品。在非固定场所或临时场所处置未经防护的 ESDS 电子产品，也应建立一个临时 EPA。每个 EPA 应设置明确的边界和统一、醒目的标识，并指定责任人。

应采取的措施

立即在 EPA 入口处补充粘贴 EPA 入口标识。

注：在 EPA 入口处显著位置设置规定的警示标识，工作人员进入 EPA 时应严格遵守相关规定。EPA 可以是非 EPA 中划定的小区域。而且，要将所有涉及 ESDS 电子产品处置的环节识别为 EPA，并在区域入口处设置警示

标识（见图6-4），样式、位置应正确，且粘贴或摆放的位置醒目，边界线清晰（见图6-5），如果是独立的房间，警示标识应粘贴在门口位置，标明EPA类别，并配置定制定位图。进入EPA后应严格遵守EPA管理规定。

图6-4　EPA入口的警示标识

图6-5　独立EPA的划定示例

案例 31　未设置 EPA 管理员

问题描述

某研究所生产楼的整层都按照 EPA 管理，划归到 A 部门负责管理，但其中一个房间是相对独立的且划归 B 部门管理，这个独立的 EPA 没有设置 EPA 管理员。

问题分析

该 EPA 存在于整层区域内，但并不归属于同一部门，该研究所静电防护主管部门未能根据 A 部门和 B 部门处置的产品不同、生产方式不同，通过设置不同的 EPA 来落实 A 部门、B 部门各有侧重点的差异化的静电防护工作。

在整片 EPA 内由于部门的不同而没有设置小区域的 EPA 管理员，会造成区域内设施的监视测量和人员管理工作无法进行，导致出现管理漏洞和监督缺位，影响组织管理体系的运行效果。

不符合相关标准

Q/QJA 118—2013：5.3.2 组织应根据 5.1.2 识别的结果明确划分出 EPA，用于处置航天电子产品。每个 EPA 应有明确的边界和统一、醒目的标识，并指定责任人。

GB/T 32304—2015：5.3.2 组织应根据 5.1.2 识别的结果明确划分出 EPA，用于处置 ESDS 电子产品。在非固定场所或临时场所处置未经防护的 ESDS 电子产品，也应建立一个临时 EPA。每个 EPA 应设置明确的边界和统一、醒目的标识，并指定责任人。

应采取的措施

立即对 B 部门管理的 EPA 设置 EPA 管理员。

注： 每个独立EPA都应设置EPA管理员。在整个区域内单独划分出的EPA，需要单独指定负责人来进行管理。EPA的设备设施配置、监视测量、日常维护以及区域内处置人员的行为规范、管理，处置环境的温湿度监测等工作都需要EPA管理员进行监督和管理。在EPA识别文件或划分文件中写明EPA管理员，形成人员清单存档，并且在文件中应规定EPA管理员的岗位职责，定期组织本单位EPA管理员参加内外部培训。

案例 32　在非 EPA 放置 ESDS 电子产品

问题描述

EPA 某货柜已经粘贴“非防静电使用”标识，但在柜子顶部仍然放置了 ESDS 电子产品。

问题分析

该货柜整体是非防静电使用，EPA 现场对 ESDS 电子产品和标识的管理不到位，处置人员无法清晰辨别 EPA 和非 EPA 而导致出现混用问题，极大地增加了 ESDS 电子产品发生静电放电损伤事件的风险。

不符合相关标准

Q/QJA 118—2013：5.3.2 组织应根据 5.1.2 识别的结果明确划分出 EPA，用于处置航天电子产品。每个 EPA 应有明确的边界和统一、醒目的标识，并指定责任人。

GB/T 32304—2015：5.3.2 组织应根据 5.1.2 识别的结果明确划分出 EPA，用于处置 ESDS 电子产品。在非固定场所或临时场所处置未经防护的 ESDS 电子产品，也应建立一个临时 EPA。每个 EPA 应设置明确的边界和统一、醒目的标识，并指定责任人。

应采取的措施

将 ESDS 电子产品从该货柜上移到 EPA 内，并对这些 ESDS 电子产品从放置位置、产品包装等方面进行是否已经受到静电放电损伤的综合性评估。

注： EPA 内允许放置非防静电设施，但要有明确区分的标识标明，例如可以粘贴“非防静电设施，禁止放置 ESDS 电子产品”等字样（见图 6－6），不可将 ESDS 器件与非 ESDS 器件混放。非防静电设施可以是存放资料、必要绝缘物、非防静电外包装的货架、货柜、办公桌、转运小车等，在非防静电设施上禁止放置 ESDS 电子产品，或将产品放入屏蔽包装袋内，按

照 EPA 外的要求管理。EPA 管理员应知悉 EPA 内的非防静电设施，定期查看有无误用或混放的情况。

图 6－6　EPA 内的非防静电货架示例

第7章　防静电工作区（配置）

防静电工作区的配置是航天电子产品静电防护管理体系中防静电技术指标要求得到有效确认、静电防护管理要求得到有效落地的重要技术性保障措施。在防静电工作区配置方面的不符合问题主要表现为：静电防护产品技术指标不合格、防静电工作台和腕带等静电防护产品配置不全、静电防护产品配置后不使用等，这其中，技术指标不符合要求的问题居多。需要特别指出的是，在Q/QJA 119—2013《航天电子产品静电防护技术要求》中5.4.6节规定了人体静电综合测试仪为必选配置设备，但仍有部分单位出现未配置人体静电综合测试仪的情况。从静电防护产品检测情况来看，日常消耗类防静电物资检测主要分为验收检测和日常监测，验收检测一般由使用单位委托第三方计量技术机构按照相关国家、行业、企业标准进行批次抽样检测并出具检测报告，日常监测则主要由使用单位自行组织开展，如果出现未进行验收检测或者日常监视测量不到位的情况，容易导致现场静电防护产品技术指标不合格问题。

案例 33　EPA 入口处未配置人体静电综合测试仪

问题描述

某研究所 AIT 的 EPA 入口处未配置人体静电综合测试仪。

问题分析

该 AIT 有一个常用入口配置了人体静电综合测试仪，但还有一个不经常使用但是也有人员进入的入口，EPA 管理员在日常运行管理中未及时有效对该入口实施人员进入控制管理，也未按照标准要求配置人体静电综合测试仪。

如果 EPA 存在人员进入不受控的入口，进入人员没有经过防静电服装性能测试并获得合格认证，可能会引起 EPA 内处置 ESDS 电子产品时发生静电放电损伤。

不符合相关标准

Q/QJA 118—2013：5.3.3.1 组织应根据相关要求，为 EPA 配置必要的静电防护设备、设施和器材等。

GB/T 32304—2015：5.3.3.1 组织应根据相关要求，为 EPA 配置必要的防静电用品（包括静电防护包装、防静电服装鞋帽、防静电腕带、防静电工具、防静电材料等）、设备和设施等。

应采取的措施

在该 AIT 不经常使用的 EPA 入口处设置人体静电综合测试仪，对从该入口进入 EPA 的人员实施管控并留存相关记录。

注： EPA 入口既是区域标识警示的重要地点，也是 ESD 处置人员进入 EPA 前进行静电防护状态确认的现场“第一关”。应在 EPA 入口配置人体静电综合测试仪（见图 7－1），进入 EPA 的人员穿戴好防静电服、防静电鞋后，应先经过人体静电综合测试仪测试通过后并留存记录，有条件的场所

可以将人体静电综合测试仪和人脸识别系统、门禁系统、风淋系统等结合使用（见图 7－2、图 7－3）。

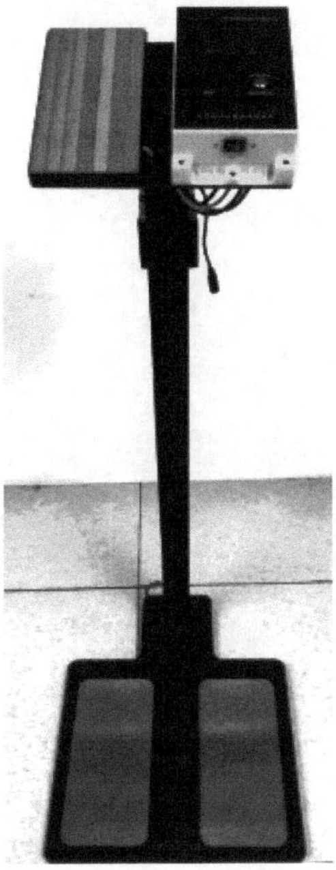

图 7－1　人体静电综合测试仪示例

图 7－2　人体静电综合测试仪与闸机联动示例

图 7-3　人体静电综合测试仪与风淋系统联动示例

案例 34　SMT 生产线未配置腕带插孔

问题描述

在某 EPA 内 SMT 生产线上发现贴片机工位没有腕带插孔，腕带通过鳄鱼夹串联有按扣的线的方式连接到操作板的胶皮上，经测量腕带到接地点之间电阻超过标准限值要求。

问题分析

该 EPA 管理员认为贴片机属于自动化设备，操作人员不会持续在贴片机工作台上工作，没有在此处安装腕带插孔，当操作人员临时使用时将腕带接入操作板的接地点上，但实测所形成的人体—腕带接地系统阻值过大。

鳄鱼夹的连接形式不可靠可能会导致人体接入的电阻过大或断线，静电泄放通路阻断或泄放速度过慢，都会给 ESDS 器件带来静电放电损伤的风险。

不符合相关标准

Q/QJA 118—2013：5.3.3.1 组织应根据相关要求，为 EPA 配置必要的静电防护设备、设施和器材等。

GB/T 32304—2015：5.3.3.1 组织应根据相关要求，为 EPA 配置必要的防静电用品（包括静电防护包装、防静电服装鞋帽、防静电腕带、防静电工具、防静电材料等）、设备和设施等。

应采取的措施

在 SMT 生产线的贴片机工位增加腕带插孔，经检测合格后启用。

注：防静电工作台按照标准要求至少要配置两个插孔，且在操作地点附近配置足够多的插孔。自动化设备在 SMT 生产线上越来越常见，选料、送料、印刷、贴片、焊接、检验等环节几乎都能找到自动化设备来代替人工。除设备自带的接地插孔外，在其附近的工作台上也应安装至少 2 个腕带插孔（见图 7-4），且与固定工作台的插孔一样单独接地。设备附近的货架也应配

置腕带插孔（见图 7-5）。为了保证人体静电保持在 100 V 以下，要求人体在仅佩戴腕带操作 ESDS 电子产品时，系统电阻应小于 35 MΩ。

而且，在 EPA 内要求人员和设施要实时接地，除在固定工作台前操作需要佩戴腕带外，在其他可移动设施或临时区域内操作时，也需要佩戴腕带，以实现人员的可靠接地。因此在常用处置 ESDS 器件的设备设施（例如温箱、自动化生产线上的操作台或存取 ESDS 器件的货柜、货架等）上也应配置相应数量的腕带插孔（自动化设备通常会设置一个或两个单个插孔）。

图 7-4　自动化设备上安装的腕带插孔示例

图 7-5　干燥柜、货架上安装的腕带插孔示例

案例 35　未识别 ESDS 电子产品处置区域

问题描述

某公司检漏间的非 EPA 处置某批次 3CK10 三极管的插盒工作，该批次三极管数量合计 1650 只。通过查询确认该型号三极管为 ESDS 器件。

问题分析

该公司没有正确识别出 ESDS 器件所涉及的相关生产过程，造成 ESDS 器件的处置过程和处置区域未划入 EPA 管理，极易导致 ESDS 器件发生静电放电损伤。

不符合相关标准

Q/QJA 118—2013：5.3.7.1 处置任何 ESDS 电子产品，均应在 EPA 内进行。

GB/T 32304—2015：5.3.1 组织应编制程序文件，以规定防静电工作区的划分、配置、接地要求和管理要求。处置未经静电防护（无静电防护封装或包装）的 ESDS 电子产品必须在 EPA 中进行。

应采取的措施

立即将检漏间设置为 EPA，对防静电性能进行检测合格后方可开展 ESDS 电子产品的处置工作；同时，对这部分三极管进行功能和性能验证，如果出现技术指标偏差，必要时进行失效分析。

注：处置任何 ESDS 电子产品，均应在 EPA 内进行。若在 EPA 外，ESDS 电子产品必须经过静电屏蔽包装后方可储存、转运、包装等。在一个区域内若有对 ESDS 电子产品的处置程序，应在管理文件中将此区域纳入 EPA 进行管理，设置 EPA 入口、警示标识和分割线，便于与非 EPA 区分（见图 7-6）。EPA 内的人员、设施均应按照体系要求执行。

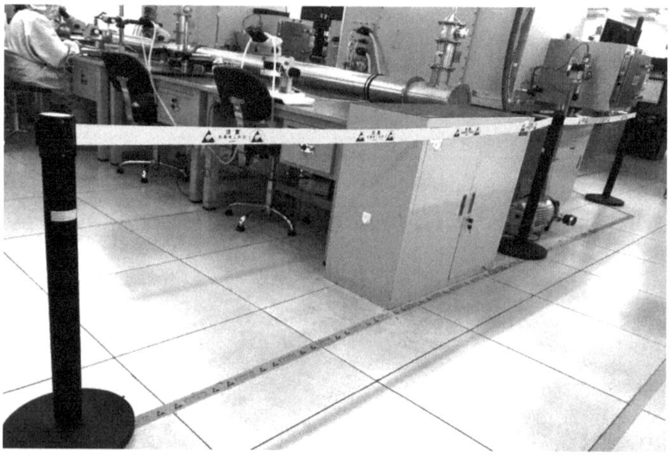

图 7－6　EPA 边界和划分示例

案例 36　电装防静电工作台未配置腕带连续监测仪

问题描述

某研究所 EPA 内 SMT 生产线的电装防静电工作台未配置腕带连续监测仪。

问题分析

该 SMT 生产线的 EPA 管理部门未能有效识别电装过程中的静电放电风险以及对应的更为严格的防护措施，导致在防静电工作台上没有配置腕带监测仪。如果电装人员在进行 ESDS 器件操作时没有佩戴腕带或腕带松脱、接地不牢靠，且没有现场警报或监控记录，将导致电装过程静电放电事件发生的概率增加。

不符合相关标准

Q/QJA 118—2013：5.3.3.1 组织应根据相关要求，为 EPA 配置必要的静电防护设备、设施和器材等。

GB/T 32304—2015：5.3.3.1 组织应根据相关要求，为 EPA 配置必要的防静电用品（包括静电防护包装、防静电服装鞋帽、防静电腕带、防静电工具、防静电材料等）、设备和设施等。

应采取的措施

立即在电装防静电工作台安装腕带连续监测仪。

注： 在识别 EPA 的类别后，应按照标准中的配置要求根据 EPA 分类选择需配置的静电防护工具、设备和设施。电装生产线（自动化 SMT 生产线）是主要生产环节，元器件安装、焊接、固封、装配、清洗、检验等都集中在 SMT 车间内。未装焊的元器件和已装焊的 PCB 板敏感度等级较高，因此在电装车间内的静电防护要求更为严格。在 I 类 EPA 中的电装生产线上，包

括手动处置的装配线和自动化生产线，要求必须配置腕带连续监测仪（见图 7－7）。其他调试工位即使划定为 I 类 EPA，也可以根据实际情况不配置腕带连续监测仪，静电防护管理体系标准配置要求见表 7－1。

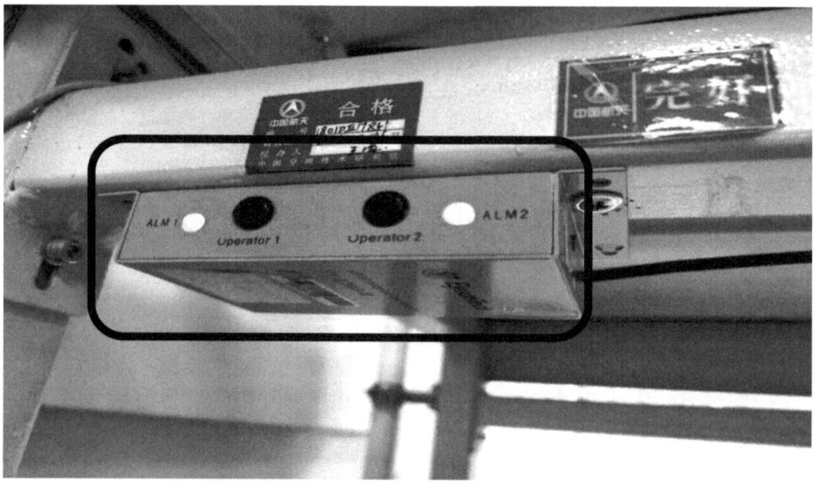

图 7－7　腕带连续监测仪示例

表 7－1　EPA 配置标准要求（部分）

序号	要求项目	Ⅰ类EPA	Ⅱ类EPA	选择条件
13	防静电工具	●	○	—
14	防静电离子风机	▲	○	处置绝缘体和进行不便于接地的操作时必选
15	防静电涂料、降阻剂	○	○	—
16	温湿度监测仪表	●	●	—
17	人体静电综合测试仪	●	●	—
18	腕带测试仪	●	●	—
19	腕带连续监测仪	▲	—	电装车间必选
20	电烙铁测试仪	▲	—	电装车间必选
21	非接触式静电电压表	○	○	—

注：●表示必选；—表示不要求；▲表示条件必选；○表示可选（根据各单位具体情况考虑，如器件静电敏感电压、工作人员多少等）。

案例 37　处置 ESDS 电子产品的金属台面未配置防静电台垫

问题描述

某部门 HIC 自动线 EPA 中的线体工作站处置 ESDS 电子产品的操作台为金属台面，该台面上未配置防静电台垫。

问题分析

当 ESDS 电子产品接触表面对地电阻过低时，如果 EPA 内有强电设备，则存在用电安全的问题。而单从静电防护方面考虑，操作表面对地电阻过低可能会导致静电荷泄放速度过快的情况。

不符合相关标准

Q/QJA 118—2013：5.3.3.1 组织应根据相关要求，为 EPA 配置必要的静电防护设备、设施和器材等。

GB/T 32304—2015：5.3.3.1 组织应根据相关要求，为 EPA 配置必要的防静电用品（包括静电防护包装、防静电服装鞋帽、防静电腕带、防静电工具、防静电材料等）、设备和设施等。

应采取的措施

在该工作台面上铺设防静电台垫，确保防静电性能满足标准要求。

注： 防静电台面、隔板、货架表面任意点对点电阻应在 $1\times10^{5}\sim1\times10^{9}\ \Omega$ 之间。下限电阻（$1\times10^{5}\ \Omega$）是在 440 V 及以下供电系统中，预防触电、漏电和短路等安全防护的基本要求。在无电源、电池和裸露电力线存在的情况下，例如，储物柜、存放架、小车、梯子等，仅为防止静电放电时产生过大电流，下限电阻应大于 $1\times10^{4}\ \Omega$。一些有洁净等级要求的区域或摆放手套箱的操作台面，通常使用全金属表面，或通体金属的工作台、货柜等，金属表面电阻或金属工作台、货柜的对地电阻阻值过低，无法满足 $1\times10^{4}\ \Omega$

的下限电阻值要求。

在有洁净度等级要求的EPA使用金属台面或金属货架、氮气柜时，没有特殊环境要求可以选择铺设防静电膜（见图7－8），没有铺设条件时，放置在桌面上或隔板上的ESDS器件，需要装到防静电周转箱或盒子、托盘或防静电整体手套箱（见图7－9）内，再放置到工作表面上。

图7－8　防静电膜示例

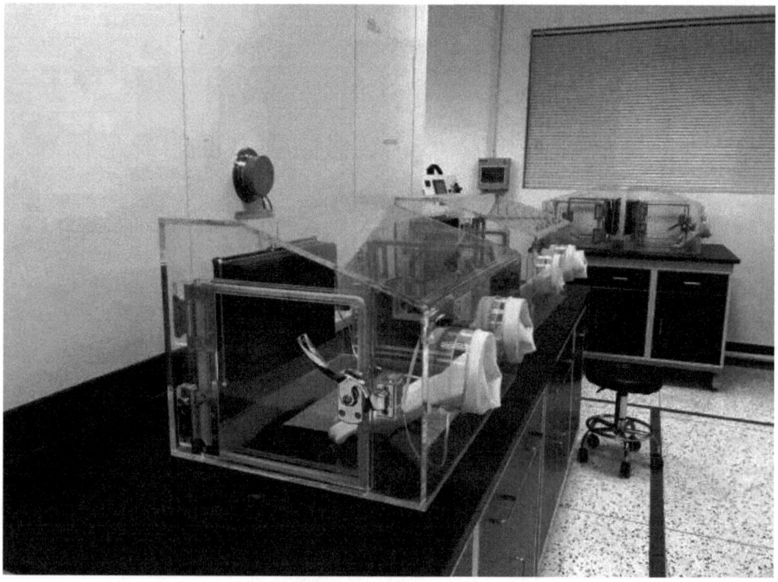

图7－9　耗散材料的整体手套箱示例

第 8 章 防静电工作区（接地/等电位连接系统）

防静电工作区的接地/等电位连接系统是航天电子产品静电防护管理体系运行管理中实现静电接地并有效泄放静电的重要基础。防静电工作区接地错误是出现次数最多的不符合问题。接地或者等电位连接措施是静电防护技术要求的核心之一，需要现场根据实际工作条件，选择电源保护地、功能地和等电位连接来实现人员、设备有效接地。目前，各单位已经充分意识到接地在静电防护工作中的重要性，但是在接地方式选择上容易出现“拧接、胶带粘贴”等不可靠方式，同时也会出现部分脱落或接地线路断线等情况。

案例 38　防静电工作台接地线胶粘

问题描述

某研究所 EPA 内的一张防静电工作台的接地线采用透明胶（防静电型）粘贴的连接方式（见图 8－1）。

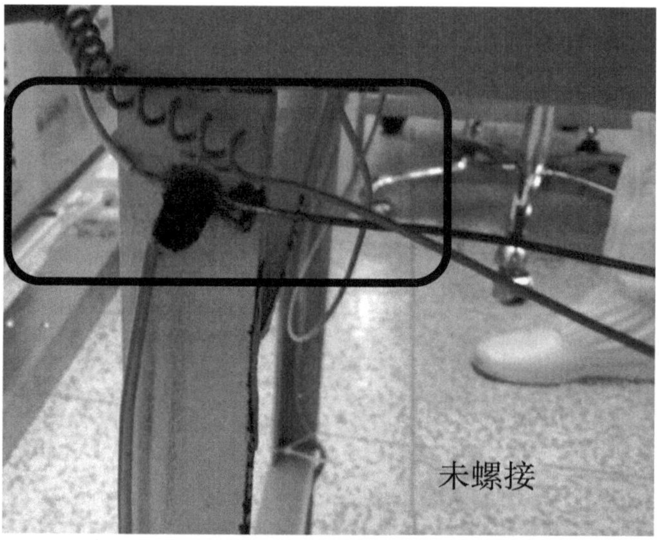

图 8－1　粘接接地方式不可靠示例

问题分析

该防静电工作台是可移动的，由于布局变化会在 EPA 内挪动，对于拆卸后的接地线错误地用胶带把地线接到设施的接地端上。

没有固定和牢靠的连接方式，很容易导致接地线再次脱落、接地通道断开，使 ESDS 电子产品和处置人员产生电位差，导致静电损伤。

不符合相关标准

Q/QJA 119—2013：5.1.2 各接地干线之间的连接和静电防护设备、设施的固定接地线路应采用钎焊、熔焊或压力连接件、螺栓等进行搭接连接。防静电工具、装置（如防静电腕带）等接地端子可使用电气连接可靠、易于装拆的各种夹式连接器。

GB/T 32304—2015：5.3.4.2 各接地干线之间的连接和静电防护设备、设施的固定接地线路应采用钎焊、熔焊或压力连接件、螺栓等进行可靠连接。防静电工具、装置如防静电腕带（以下简称腕带）等接地端子可使用电气连接可靠、易于装拆的各种夹式连接器。

应采取的措施

去除透明胶，改成使用铆接的方式固定接地线连接，确保连接可靠性。

注：标准要求各接地干线之间的连接和静电防护设备、设施的固定接地线路应采用钎焊、熔焊或压力连接件、螺栓等进行连接。防静电设施的接地要求牢固、可靠，一般采用螺接、铆接、扣接等形式固定（见图 8－2）。当设施陈旧时，由于日常使用频繁，仪器设备挪动、人员操作不当等因素造成接地线断线，应及时维修。当桌垫老化导致地线虚接或脱落时，应及时更换桌垫，并重新将地线接好。

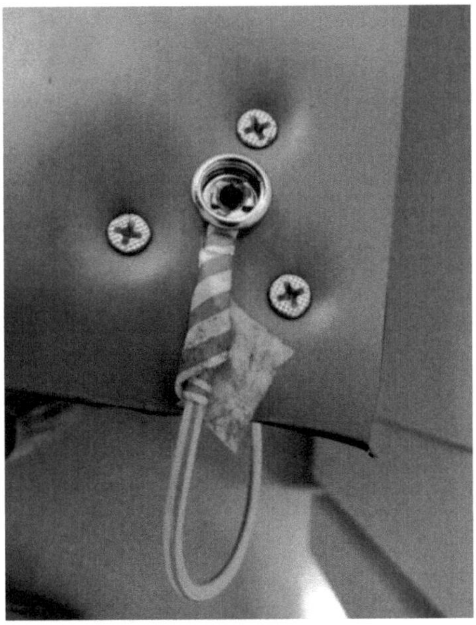

图 8－2　压接和扣接的方式连接示例（一）

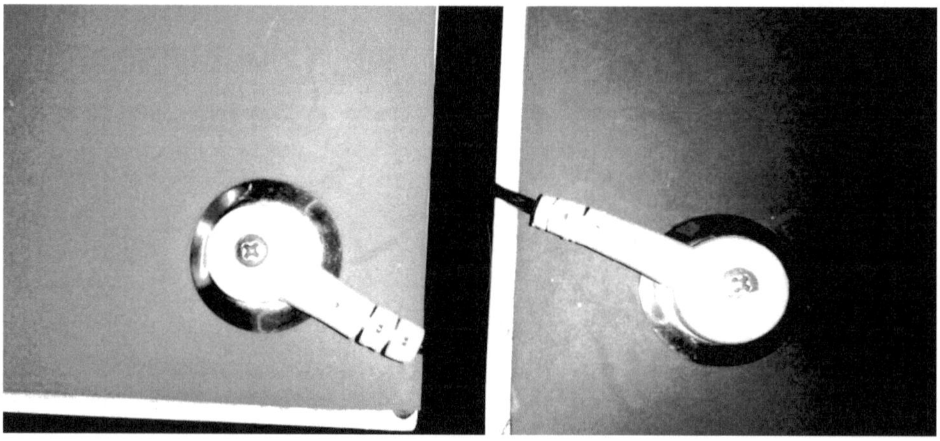

图 8 - 2　压接和扣接的方式连接示例（二）

案例 39　防静电腕带连续监测仪接地线夹接

问题描述

EPA 内防静电腕带连续监测仪的接地线用鳄鱼夹夹在一条接地金属编带上。

问题分析

现场操作人员误认为防静电腕带连续监测仪可以通过电源接地，而独立地线仅作为辅助接地使用，因此没有按照固定接地线路采用钎焊、熔焊或压力连接件、螺栓等进行可靠连接。

防静电腕带连续监测仪电源线未设置接地头，没有连接地线时插孔的接地情况不明确，电阻值不符合对腕带插孔的要求。这会导致工作环境中相关的导电体静电位不一致，从而容易发生静电放电事件。

不符合相关标准

Q/QJA 119—2013：5.1.2 各接地干线之间的连接和静电防护设备、设施的固定接地线路应采用钎焊、熔焊或压力连接件、螺栓等进行搭接连接。防静电工具、装置（如防静电腕带）等接地端子可使用电气连接可靠、易于装拆的各种夹式连接器。

GB/T 32304—2015：5.3.4.2 各接地干线之间的连接和静电防护设备、设施的固定接地线路应采用钎焊、熔焊或压力连接件、螺栓等进行可靠连接。防静电工具、装置如防静电腕带（以下简称腕带）等接地端子可使用电气连接可靠、易于装拆的各种夹式连接器。

应采取的措施

使用螺钉和螺母将防静电腕带连续监测仪的接地线固定在金属编带上。

注： 腕带连续监测仪的电源通常是单相两脚电源，并无接地端（见图8－3）。代替腕带插孔使用时，应保证其插孔可持续接地，无论是否为通电状态。无回路类型的腕带连续监测仪可视为可报警的腕带插孔，因此其接地方式与腕带插孔相同，应有独立接地且以可靠的方式（焊接、螺接、铆接、压接等）与接地点连接（见图8－4）。不能使用电源接地系统时，可利用辅助接地系统如专用地线，实现ESD接地。

图8－3 腕带连续监测仪电源示例

图8－4 腕带连续监测仪接地示例

案例 40　防静电工作台串联接地

问题描述

EPA 内多个防静电工作台采用串联接地方式。

问题分析

在安装防静电设施时，作业人员未有效区分串联接地和并联接地方式，导致施工时连接方式错误。

串联接地方式将所有设施串联在一起，如果有某一点断线时，会造成断电之后的其他设施全部接地断线，使防护措施出现较大范围失效。

不符合相关标准

Q/QJA 119—2013：5.1.3 EPA 内每个静电防护设备、设施的接地线应尽量独立与接地系统连接，除特殊情况（如防静电椅子、防静电鞋等通过防静电地面接地等）之外不应多个静电防护设备、设施串联接地。

GB/T 32304—2015：5.3.4.3 EPA 内每个静电防护设备、设施的接地线应尽量独立与接地系统连接，除特殊情况（如防静电椅子、防静电鞋等通过防静电地面接地等）之外不应多个静电防护设备、设施串联接地。

应采取的措施

从就近配电柜引出一根接地主线，将各工作台分别并联接入接地主线。

注： EPA 内的防静电设施应通过并联方式实现独立接地，例如每一张桌子、每一台设备、货柜货架的每一层都应独立连接至接地母线或公共接地点，不可串联连接（见图 8－5）。在接地线时，应找到接地母线或一个区域内的公共接地点（例如工作台上的接地排或铜编带或接地钮等，如图 8－6～图 8－8 所示），再接入防静电设施。

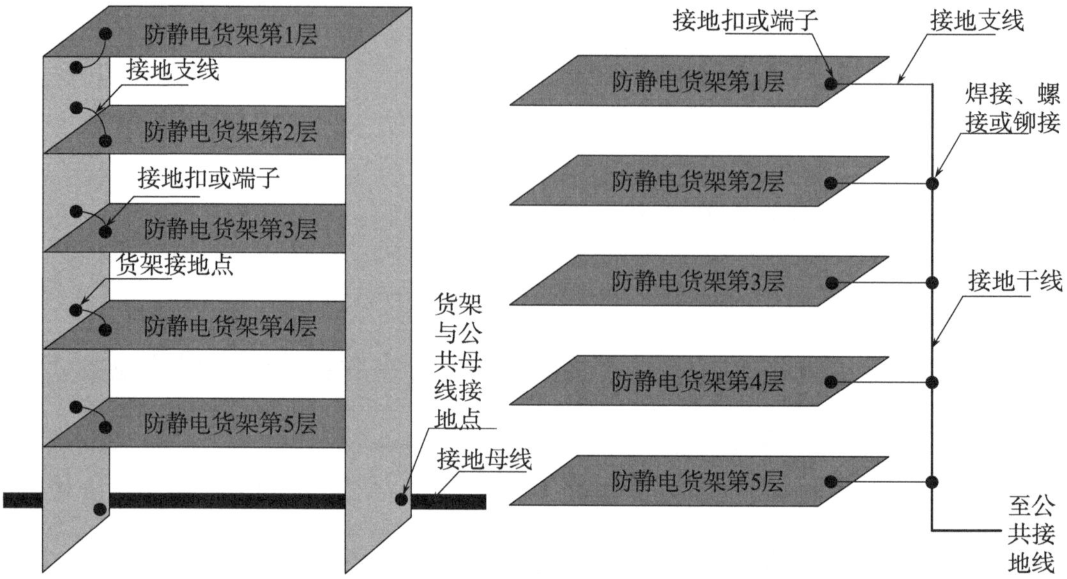

图 8-5　层板的连接方式示意图

图 8-6　货架层板的接地连接示例

图 8－7　某区域的公共接地点示例

图 8－8　工作台上的公共接地线示例

案例 41　防静电工作台未接地

问题描述

某研究所的航天产品生产线的 EPA 内靠玻璃墙一侧的 20 张防静电工作台未接地（见图 8－9）。

图 8－9　整体防静电工作台地线断接示例

问题分析

此 EPA 为新建区域，防静电工作台配置到位后，安装人员没有及时将工作台的接地线进行连接；EPA 管理员在现场监督检查时没有及时发现防静电工作台未接地。

防静电工作台在安装后通过桌腿－地板进行接地，硬接地措施断开，此接地形式在地面状态良好、空气相对湿度较高的条件下可以达到静电泄放效果，但对于大部分实验室，室内相对湿度无法一直达到 60%以上，防静电工作台所在的防静电环氧自流平地面接地不稳定，贸然采用防静电工作台整体接地的效果不符合要求，因此必须按照标准要求对设施进行硬接地连接。

不符合相关标准

Q/QJA 118—2013：5.3.4 组织应采用适宜的接地/等电位连接系统实现 EPA 内 ESD 接地，使 ESDS 电子产品、人员和其他静电导体保持相同的电位，同时应满足电网使用和人身安全的相关要求。

GB/T 32304—2015：5.3.4.1 组织应采用规范的接地/等电位连接系统实现 EPA 内静电接地，使 ESDS 电子产品、人员和防静电用品、设备和设施（如台面、小车、电烙铁等）处于相同的电位，同时满足电源供电和人身安全的相关要求。

应采取的措施

立即将这些防静电工作台进行可靠硬接地；对 EPA 管理员开展防静电专项知识培训，强化 EPA 现场监督检查效果。

注： 防静电工作台或防静电货架如果是金属架构的整体防静电设计，在没有接地条件时或湿度环境比较高时，一般视为可以达到静电泄放效果，但要同步确保防静电地板的电阻阻值较小且设施的防静电涂层阻值符合要求。因此，按照标准要求应将所有防静电设施通过地线接地，且接地阻值小于 1Ω，这是 EPA 现场防静电设施接地最有效的方式。

案例 42　防静电工作台的接地线断开

问题描述

某 EPA 内防静电工作台接地线断开，经询问获悉该工作台在工作需要时才连接地线。

问题分析

EPA 管理员对防静电设施接地要求认知有误，错误地认为只要没有人员操作，设施就可以不需要接地。

EPA 内的静电防护设施要持续接地。静电荷可以通过摩擦、感应等方式贮存在工作表面或其他设备设施的表面。如果表面带电电压过高，而此时设施又没有接地，则放置在其表面的 ESDS 器件就容易受到静电感应或放电的影响。

不符合相关标准

Q/QJA 118—2013：5.3.4 组织应采用适宜的接地/等电位连接系统实现 EPA 内 ESD 接地，使 ESDS 电子产品、人员和其他静电导体保持相同的电位，同时应满足电网使用和人身安全的相关要求。其中：

a）具备电源保护接地时，应优先选择电源保护接地系统；

b）没有电源保护接地系统、不便利用或有特殊需要时，可选用功能地接地；

c）既无电源保护接地系统又无功能接地装置可利用时，应使 ESDS 电子产品、人员和其他导体通过等电位连接，处于相同的电位。

GB/T 32304—2015：5.3.4.1 组织应采用规范的接地/等电位连接系统实现 EPA 内静电接地，使 ESDS 电子产品、人员和防静电用品、设备和设施（如台面、小车、电烙铁等）处于相同的电位，同时满足电源供电和人身安全的相关要求。其中：

a）具备电源保护接地时，应优先选择电源保护接地系统；

b）没有电源保护接地系统、不便利用或有特殊需要时，可选用电源保护接地系统之外的接地装置（功能接地）；

c）既无电源保护接地系统又无功能接地装置可利用时，应使 ESDS 电子产品、人员和防静电用品、设备、设施通过等电位连接，处于相同的电位。

应采取的措施

立即将防静电工作台可靠接地，并对 EPA 管理员开展防静电专项知识培训。

注： EPA 内设施需要做到连续接地，没有操作人员在操作台工作时，桌面、货架或者小车等设施上可能会放置有 ESDS 器件或产品，此时，防静电设施仍然要保证其接地良好，使设施的防静电性能持续有效。因此，无论是挪动后的工作台还是临时的、新增的设施，都要在使用前确认接地状态，有效接地后方可投入使用，如图 8－10、图 8－11 所示。

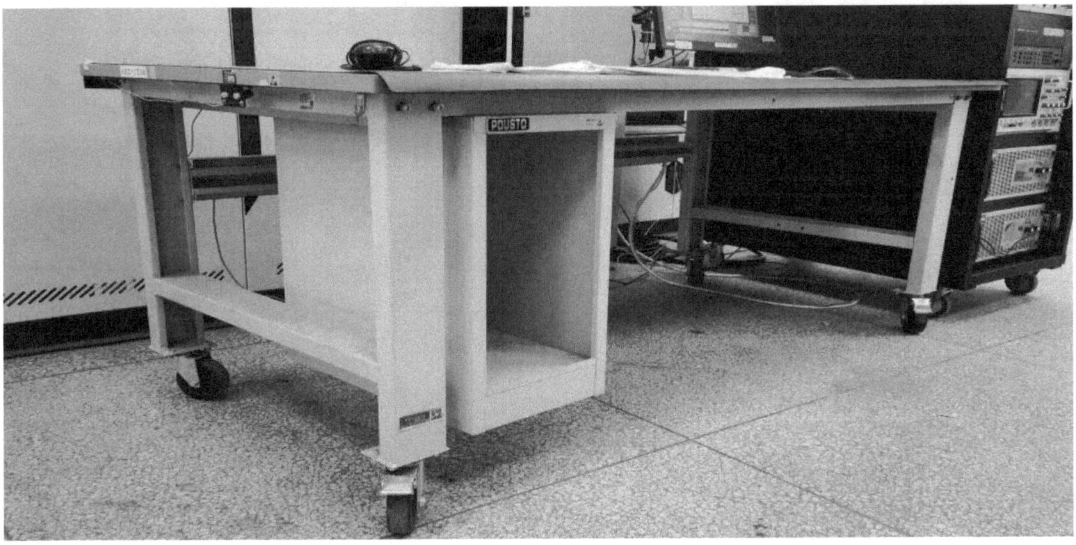

图 8－10　可移动工作台示例

图 8－11　可移动工作台接地线与设备接地端相连示例

案例 43　防静电货柜的台垫未接地

问题描述

某房间内有部分铺设在防静电货柜顶层的条状防静电台垫未接地（见图 8－12）。

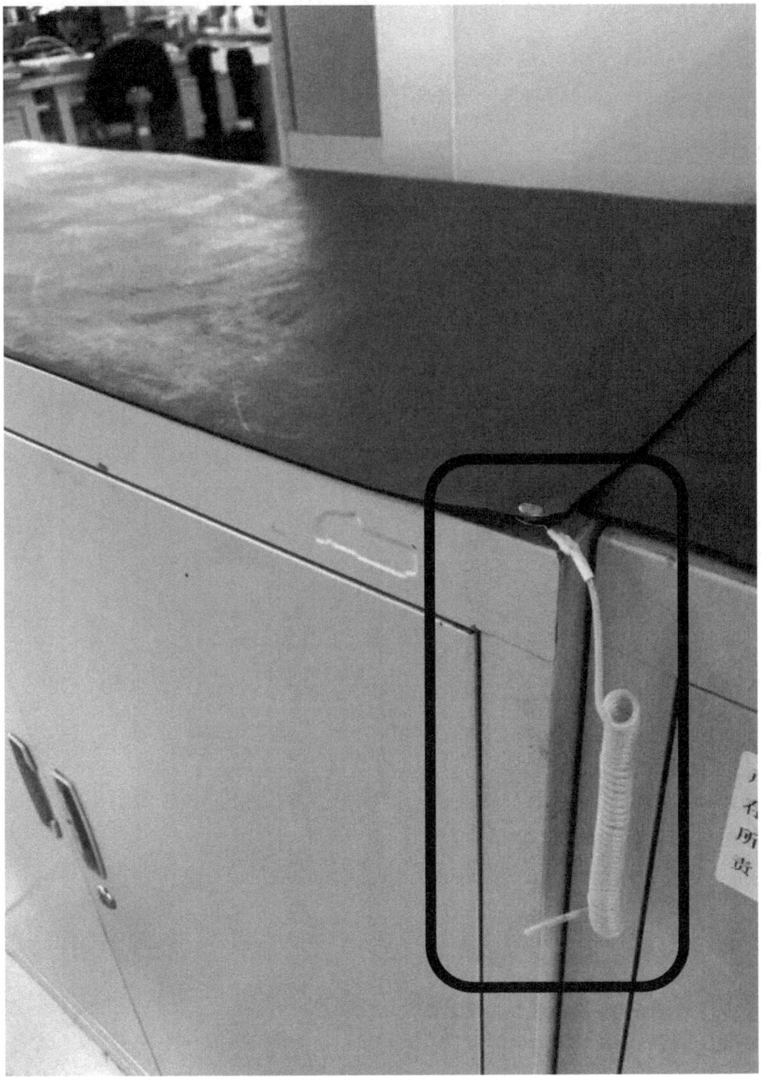

图 8－12　顶层台垫接地线悬空未接示例

问题分析

EPA 管理员错误地认为防静电货柜的顶层也具备防静电性能，因此铺设的条状防静电台垫未独立接地。

该防静电货架不是防静电涂层喷涂的一体化货架，则货架的隔板是无法通过框架实现有效接地的。当铺设在隔板上的台垫没有独立接地时，台垫是未接地的状态，导致其表面的静电荷没有有效的泄放通路，容易对放置在该台垫表面直接接触的 ESDS 电子产品发生静电放电。

不符合相关标准

Q/QJA 118—2013：5.3.4 组织应采用适宜的接地/等电位连接系统实现 EPA 内 ESD 接地，使 ESDS 电子产品、人员和其他静电导体保持相同的电位，同时应满足电网使用和人身安全的相关要求。

GB/T 32304—2015：5.3.4.1 组织应采用规范的接地/等电位连接系统实现 EPA 内静电接地，使 ESDS 电子产品、人员和防静电用品、设备和设施（如台面、小车、电烙铁等）处于相同的电位，同时满足电源供电和人身安全的相关要求。

应采取的措施

将货柜顶层台垫与货柜内层板上的台垫一样并联接入公共接地点上，对于具有防静电涂层的整体防静电柜，其顶层的台垫也一并单独接地。

注： 防静电工作台所有导电体（防静电腕带、工作台面、防静电地垫、座椅等）通过限流电阻并联连接到同一个接地点或接地母线。特别是台垫、地垫、凳椅等都要并联连接到公共接地点或母线，不可串联接地。腕带应直接连到公共接地点，不要接到台垫上再接地。

案例 44　防静电工作台移动后未接地

问题描述

某公司联调大厅 EPA 现场的防静电工作台移动位置后未接地。

问题分析

该公司近期开展了生产布局调整，对部分防静电工位进行了搬迁和转移，移动后的防静电工作台未能及时接地。

防静电工作台作为处置 ESDS 电子产品的固定设施，一般是不允许随意移动的。如果由于生产要求确实需移动的，应在移动完成后立即对防静电工作台的接地线进行恢复，检测合格后方可使用。

不符合相关标准

Q/QJA 118—2013：5.3.4 组织应采用适宜的接地/等电位连接系统实现 EPA 内 ESD 接地，使 ESDS 电子产品、人员和其他静电导体保持相同的电位，同时应满足电网使用和人身安全的相关要求。

GB/T 32304—2015：5.3.4.1 组织应采用规范的接地/等电位连接系统实现 EPA 内静电接地，使 ESDS 电子产品、人员和防静电用品、设备和设施（如台面、小车、电烙铁等）处于相同的电位，同时满足电源供电和人身安全的相关要求。

应采取的措施

立即将该工作台接地，并在制度中明确工作台移动后应立即恢复接地，在测试合格后方可使用。

注：EPA 内的设施布局有变动时，应及时识别调整后的设施的使用状态。若设备设施继续用作静电防护使用，则要立刻进行接地并检测，合格后方可使用。若在该设施上不再处置 ESDS 电子产品，可将该设施作为非防静

电设施使用，并粘贴警示标识（见图 8 - 13），与同区域内的防静电设施加以区别。若没有警示标识区分，应在调整好后及时做好接地措施，以保证防静电设施的持续接地状态。

图 8 - 13　粘贴非防静电使用标签的桌子示例

第 9 章　防静电工作区（人员接地）

防静电工作区的人员接地是航天电子产品静电防护管理体系重点围绕科研生产过程中“人员”这一关键要素，确保体系运行管理中实现人员良好静电接地并有效泄放静电的重要措施。关于防静电工作区的人员接地的不符合问题主要表现为：人员未佩戴腕带，导致不能通过腕带系统接地；也出现未正确穿配鞋束（包括防静电鞋、导电鞋、脚跟带以及鞋套等），导致人员不能通过鞋束系统接地。不接地的工作人员是 EPA 内最大的危险源，腕带系统和鞋束一地板系统未正确接地会导致由人引起的 ESDS 电子产品静电损伤风险出现。

案例 45　人员未佩戴防静电腕带

问题描述

某厂调试线 7 号工位人员处置 ESDS 电子产品时未佩戴防静电腕带（见图 9－1）。

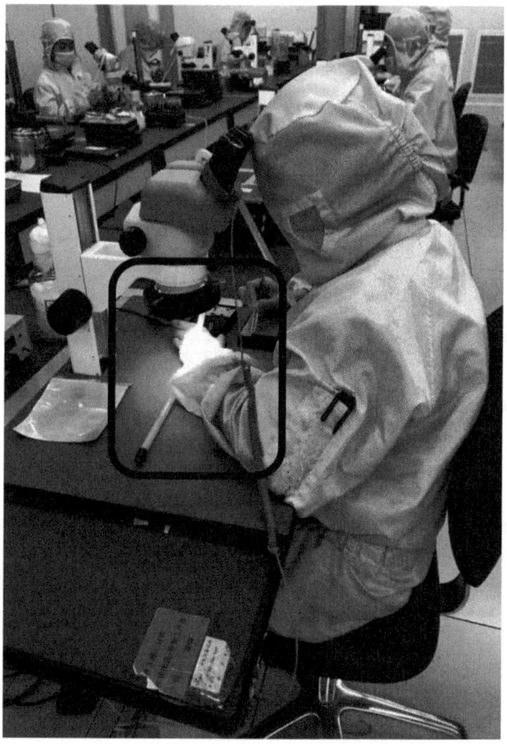

图 9－1　未佩戴腕带的操作人员示例

问题分析

调试人员在处置 ESDS 电子产品时，未严格执行防静电管理文件中佩戴防静电腕带的规定。

佩戴防静电腕带是固定工位等人手直接接触 ESDS 电子产品的最有效的静电泄放方式。尤其是对于坐着的 ESDS 电子产品操作人员，由于地板-鞋束系统中的鞋底与地板不是始终接触，如果没有佩戴防静电腕带则可能因无法有效泄放静电而引发 ESD 损伤。

不符合相关标准

Q/QJA 118—2013：5.3.5 在处置 ESDS 电子产品时，应通过腕带系统、地板—鞋束系统，使所有操作人员连接到接地/等电位连接系统。

GB/T 32304—2015：5.3.5.1 在处置 ESDS 电子产品时，应通过腕带系统和地板—鞋束系统，使所有操作人员电气连接到接地/等电位连接系统。

应采取的措施

现场调试人员立即停止操作，佩戴好防静电腕带后再继续操作。必要时，应对该调试人员之前未佩戴防静电腕带处置过的 ESDS 电子产品进行静电放电损伤评估，如果发现 ESD 问题，应及时采取相应的处理措施。

注： 与 ESDS 电子产品接触的人员应该佩戴防静电腕带，并与人的手腕紧密接触，不可松脱，也不可戴在衣服外侧（见图 9－2），且防静电腕带保持与防静电地线相连。腕带是人员接地最常用的方法（见图 9－3），腕带系统的对地电阻应小于 35 MΩ，也就是人员、防静电服和接地线在内的总的系统电阻应小于 35 MΩ。确保腕带系统有效的做法是：正确佩戴防静电腕带（见图9－4），直接接地、插拔力适度且经检测合格。

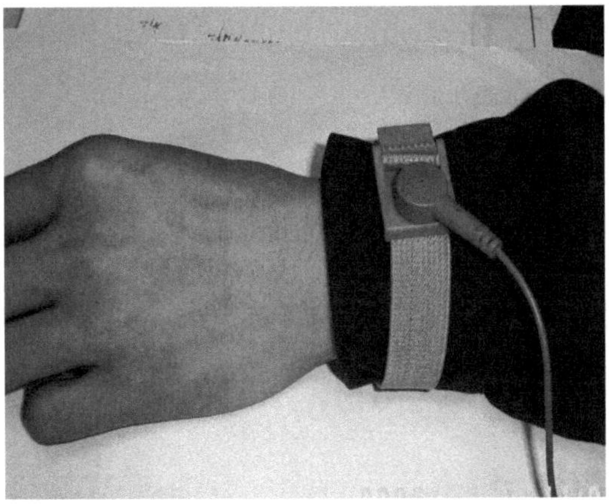

图 9－2　错误的腕带佩戴方式示例

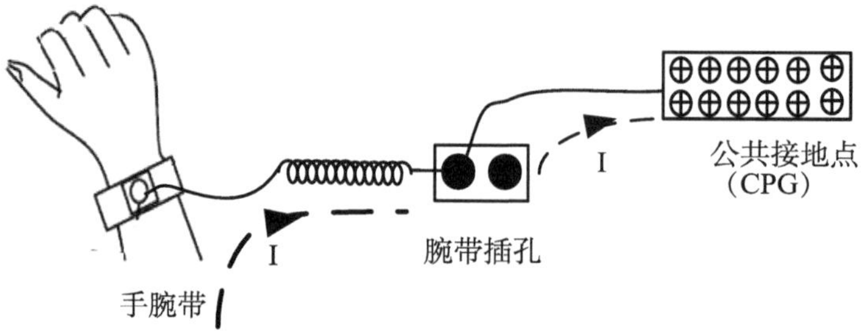

图 9-3　腕带系统的泄放路径

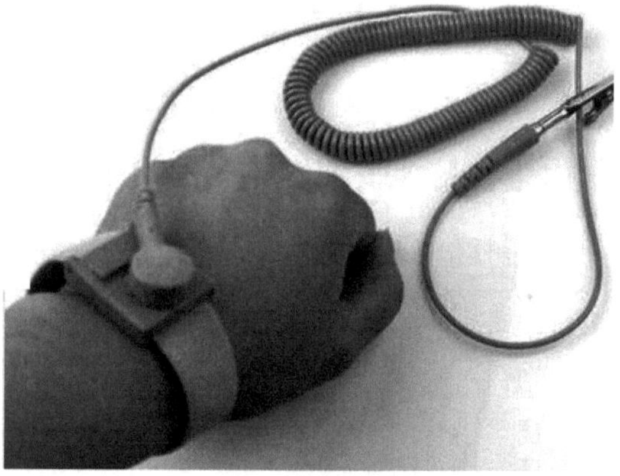

图 9-4　正确的腕带佩戴方式示例

案例 46　防静电鞋套导电带断开

问题描述

AIT 大厅 EPA 内的一名外来人员防静电鞋套的导电带断开。

问题分析

由于该外来人员进入 EPA 前没有接受静电防护告知，导致其未能有效掌握 EPA 内基本静电防护的知识和能力，未能及时发现防静电鞋套的导电带已断开。

防静电鞋套主要通过导电带和人体接触，从而形成人体电压泄放的接地通路。若鞋套的导电带断开，则无法通过导电带将人体表面电荷从防静电地面泄放出去，在走动的过程中会由于摩擦、接触一分离等过程带电，此时如果有过高的人体电压，在接触或靠近 ESDS 电子产品时，可能会产生 ESD 事件。

不符合相关标准

Q/QJA 118—2013：5.3.5 在处置 ESDS 电子产品时，应通过腕带系统、地板一鞋束系统，使所有操作人员连接到接地/等电位连接系统。

GB/T 32304—2015：5.3.5.1 在处置 ESDS 电子产品时，应通过腕带系统和地板一鞋束系统，使所有操作人员电气连接到接地/等电位连接系统。

应采取的措施

当即要求该外来人员离开工作区域，后续对所有防静电鞋套的质量进行复查，确认满足要求后重新投入使用。为预防类似情况发生，严格加强外来人员进入 EPA 的管理措施，明确规定外来人员在进入 EPA 前完成静电防护告知，陪同人员全程跟随外来人员，确保其防静电穿戴持续符合要求。

注：使用地板—鞋束系统是实现人员接地的通用方法之一，该方法通过使用静电耗散地板（或导电地板）和防静电鞋（或导电鞋）来实现。防静电鞋套通过导电带与人体皮肤接触，使人体通过地面接地，形成地板—鞋束系统，要求人员通过地板—鞋束系统接地电阻值不超过100 MΩ。进入EPA的人员，应按EPA内的管理规定执行，正确穿戴防静电鞋套（见图9-5），将防静电导电带一端与皮肤接触，确保电气连接到接地或等电位连接系统。

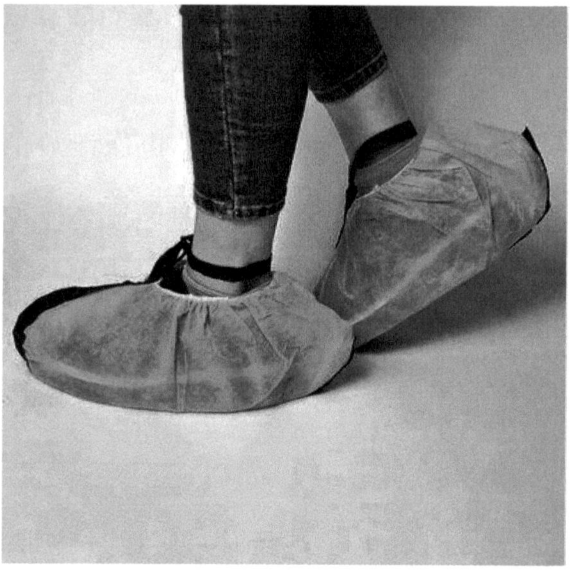

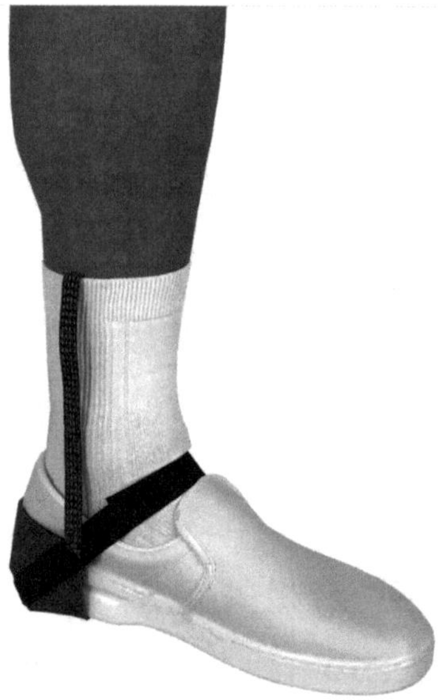

图9-5 防静电鞋套穿戴方法示例

案例 47　人员未正确穿戴防静电服装

问题描述

某 ESDS 电子产品进行环境与可靠性试验时，正在进行 ESDS 电子产品测试的人员，穿着一次性、非防静电的帽子和鞋套。

问题分析

该测试人员属于实验室外来人员，进入 EPA 前商定其在 EPA 内不进行 ESDS 电子产品处置，因对实验室的静电要求掌握不到位，穿着一次性、非防静电的帽子和鞋套进入 EPA。在进入 EPA 前，EPA 管理员也没有对其进行相应的告知，导致外来测试人员没有按照要求正确穿戴防静电服、帽以及鞋套。

人员在非防静电着装条件下，无法通过地板一鞋束系统实现有效接地，导致操作人员在操作或移动过程中产生电荷积累，可能因人体带电电压过高而发生静电放电。

不符合相关标准

Q/QJA 118—2013：5.3.5 在处置 ESDS 电子产品时，应通过腕带系统、地板一鞋束系统，使所有操作人员连接到接地/等电位连接系统。

GB/T 32304—2015：5.3.5.1 在处置 ESDS 电子产品时，应通过腕带系统和地板一鞋束系统，使所有操作人员电气连接到接地/等电位连接系统。

应采取的措施

立即将该外来人员请出 EPA；必要时，应对该穿着一次性、非防静电的帽子和鞋套的调试人员之前处置 ESDS 电子产品过程进行静电放电风险评估，包括但不限于是否佩戴防静电腕带等。

注：防静电服的接地是通过与人体皮肤的直接接触实现的。防静电服装各部分之间应存在电连续性，尤其接缝两边和平行条纹之间应有一致的电连接。防静电着装（衣服、鞋、帽）的设计应能保持其在穿着状态下与人体皮肤直接或间接接触。为了避免出现非预期 ESDS 电子产品处置人员进入 EPA 后从事 ESDS 电子产品处置操作，一般会要求进入 EPA 的人员穿戴有防静电性能的帽子、衣服和有导电带的防静电鞋套（可以是有导电带的无纺布鞋套，也可以是有导电带的洁净布鞋套），并在进入 EPA 前注意规范着装，使防静电服与皮肤直接接触从而实现接地。ESD 处置人员的不规范防静电穿着示例如图 9-6 所示。

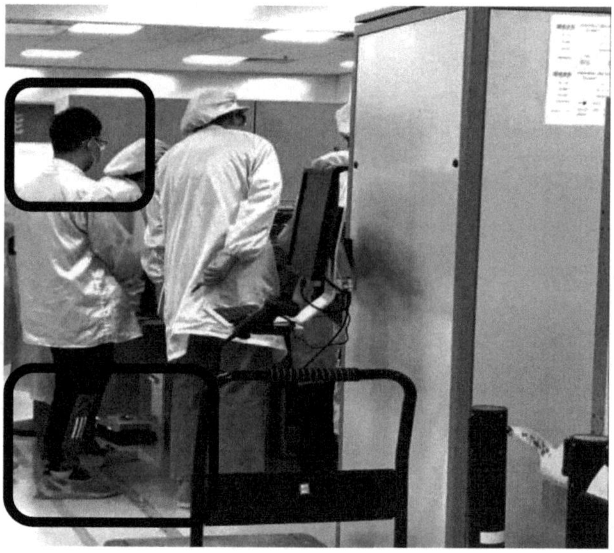

图 9-6　不正确的着装示例（鞋套无接地，未戴帽子）

第 10 章　防静电工作区（工具和设备接地）

防静电工作区的工具和设备接地是航天电子产品静电防护管理体系运行管理中实现操作过程良好接地并有效泄放静电的重要措施。关于防静电工作区的工具和设备接地的不符合问题主要表现为：利用公用电源供电的设备的金属机箱没有通过电源保护地接地；对于用于处置 ESDS 电子产品的电气工具，其与 ESDS 电子产品接触的金属部分未接地；由非导电材料或静电耗散材料制作的固定夹具未通过独立的接地导线接地等。工具和设备不能正确接地时会导致使用其处置的 ESDS 电子产品电压积聚，产生静电放电事件。

案例 48　焊烟净化器的喇叭口管道未接地

问题描述

EPA 内单机装联、焊接操作台的排风喇叭口管道未接地。

问题分析

EPA 管理员没有意识到排风喇叭口管道不接地可能会带来较高的静电电压。

一般认为排风管喇叭口不与器件接触，因此可以不需要接地。在 EPA 实际应用中，喇叭口需要靠近电路板，最近距离很容易小于 2.5 cm，加之喇叭口为金属材质或绝缘材质时，若没有接地措施则视为孤立导体或桌面绝缘物，从而容易引起静电放电损伤事件。

不符合相关标准

Q/QJA 118—2013：5.3.6.1 EPA 内使用交流电的工具应采取接地措施，工具的操作面（或与 ESDS 电子产品接触的表面）对接地点的电阻限值应满足相关的要求。

GB/T 32304—2015：5.3.6.1 EPA 内防静电电烙铁、吸锡器、有源剥线器（热剥器）等使用交流电的工具应可靠接地，工具的操作面（或与 ESDS 电子产品接触的表面）对接地点的电阻应小于 10 Ω。

应采取的措施

采用金属支架和接地线的方式将排风管喇叭口接地。

注： 排风管喇叭口的材料基本分为两类，即金属导体或塑料绝缘材料。当喇叭口为金属材料时，若没有接地，则形成孤立导体，孤立导体带电时与器件距离过近会发生感应带电，因此喇叭口也需要有地线进行连接（见图 10－1）。当喇叭口为绝缘材料时（见图 10－2），则需要更换喇叭口材料或使用离子风机将绝缘体上的静电荷进行中和。如条件允许，应在定制排风喇叭

口时，将防静电的要求列入技术指标要求中，将喇叭口与管道的材料统一为防静电材料，并保证其阻值符合标准要求。

用于处置 ESDS 元器件的电气工具如电烙铁、剥线器、吸锡器等，必须使用三芯、接地型电源插座，与 ESDS 硬件接触的金属部分必须良好接地，对地电阻应小于 2 Ω；随着使用时间增加，如烙铁头氧化等，这一电阻值可能也会增大，但不应超过 10 Ω。

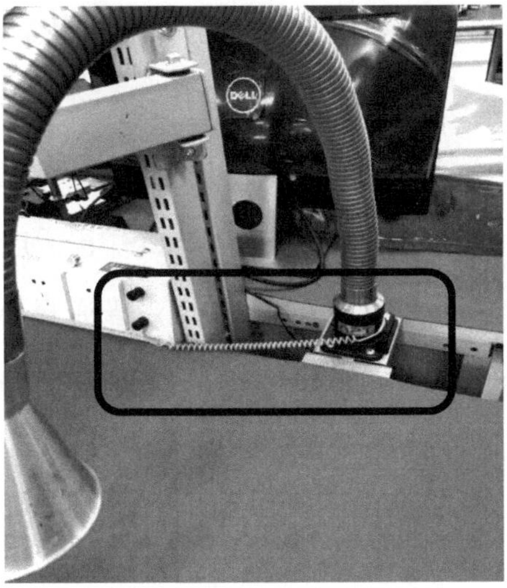

图 10－1　喇叭口或管道接地示例

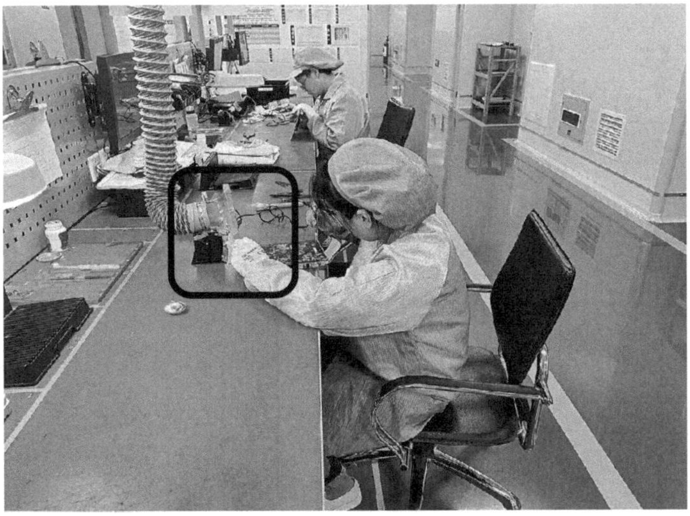

图 10－2　喇叭口为非防静电材料示例

案例 49 显微镜操作面上的防静电台垫未接地

问题描述

某 EPA 内的光学显微镜操作面上的防静电台垫未接地。

问题分析

该光学显微镜操作面为绝缘表面，因为要在该表面上放置 ESDS 器件，现场人员在该操作面上铺设了防静电台垫，但 EPA 管理员没有对防静电台垫的点对地电阻进行测试验证，而直接认为其具备了静电泄放性能。

ESDS 器件的很多处置过程都需要在显微镜上进行，显微镜的台面即为与 ESDS 器件接触的表面。若设备上存在与 ESDS 电子产品接触的工作表面，应保证该表面对接地点的电阻小于 1.0×10^{9} Ω。普通显微镜的电源无接地端，需要在操作台面铺设防静电台垫，如果铺设的防静电台垫没有接地，操作表面的对地电阻过大，无法形成有效的静电泄放通路。

不符合相关标准

Q/QJA 118—2013：5.3.6.1 EPA 内使用交流电的工具应采取接地措施，工具的操作面（或与 ESDS 电子产品接触的表面）对接地点的电阻限值应满足相关的要求。

GB/T 32304—2015：5.3.6.1 EPA 内防静电电烙铁、吸锡器、有源剥线器（热剥器）等使用交流电的工具应可靠接地，工具的操作面（或与 ESDS 电子产品接触的表面）对接地点的电阻应小于 10 Ω。

应采取的措施

将该显微镜操作面上的台垫进行接地，并经防静电台垫点对地电阻检测合格后方可投入使用。

注： 部分显微镜的操作面本身使用防静电材料，在使用前应自测或根据说明书确认操作面符合防静电要求。若操作面使用防静电材料，无须单独铺设防静电台垫，保证电源插头有接地端，使显微镜在接通电源时为设备接地状态。若使用两脚电源插头（见图 10－3、图 10－4），则应单独接地，或铺设防静电台垫，并将台垫接地（见图 10－5）。

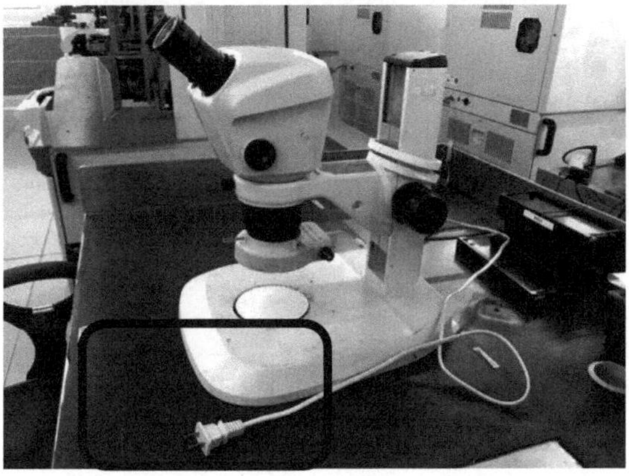

图 10－3　显微镜的单相电源插头（无接地端）示例

图 10－4　未接地的操作面的对地阻值示例

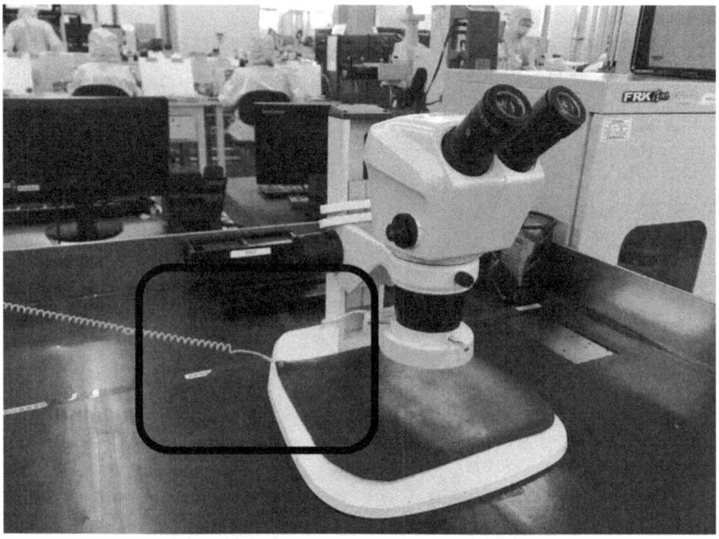

图 10 - 5　显微镜操作表面接地示例

案例 50　处置 ESDS 电子产品的大型试验设备的外壳未接地

问题描述

某 EPA 内电装车间的一台烘箱外壳未接地，经现场测试该设备外壳与设备电源地不是通路。

问题分析

安装人员和设备使用人员均没有对烘箱外壳接地情况进行检查确认。

一些大型试验设备的电源插头有接地端，在其接通电源后可认为设备接地。但设备外壳与设备电源地不能保证均是通路，所以在插电的情况下依然会产生设备外壳未接地的情况出现，容易造成设备外壳积累较高的静电压。

不符合相关标准

Q/QJA 118—2013：5.3.6.3 EPA 内利用公用电源供电的设备，应通过电源保护地线接地。

GB/T 32304—2015：5.3.6.3 EPA 内的设备应可靠接地，与 ESDS 电子产品接触的表面对接地点的电阻应小于 $1\times10^9\ \Omega$。

应采取的措施

将该烘箱的外壳接地。

注： 可以通过万用表确认仪器设备外壳与电源插头的接地端是否相通，若测试结果是通路，可通过电源保护地线接地。一些大型的机械设备，例如振动台、车床等，应在设备电源接地的同时，配置独立接地线，并按照地线接地电阻进行周期性检测（电阻值小于 1 Ω），在接地点粘贴合格标识。

利用公用电源供电的设备，如贴片机，插装机，波峰焊机，温箱，空气压缩的喷雾、油漆、喷砂等生产、装联、焊接、检验、高低温处理等设备，设备的金属机箱必须通过电源保护地线（PE）接地（图 10－6、图 10－7）。

从人身安全和静电防护两方面考虑，都要求接地必须正确、可靠，并要检测验证。

图 10－6　大型试验设备接地示例

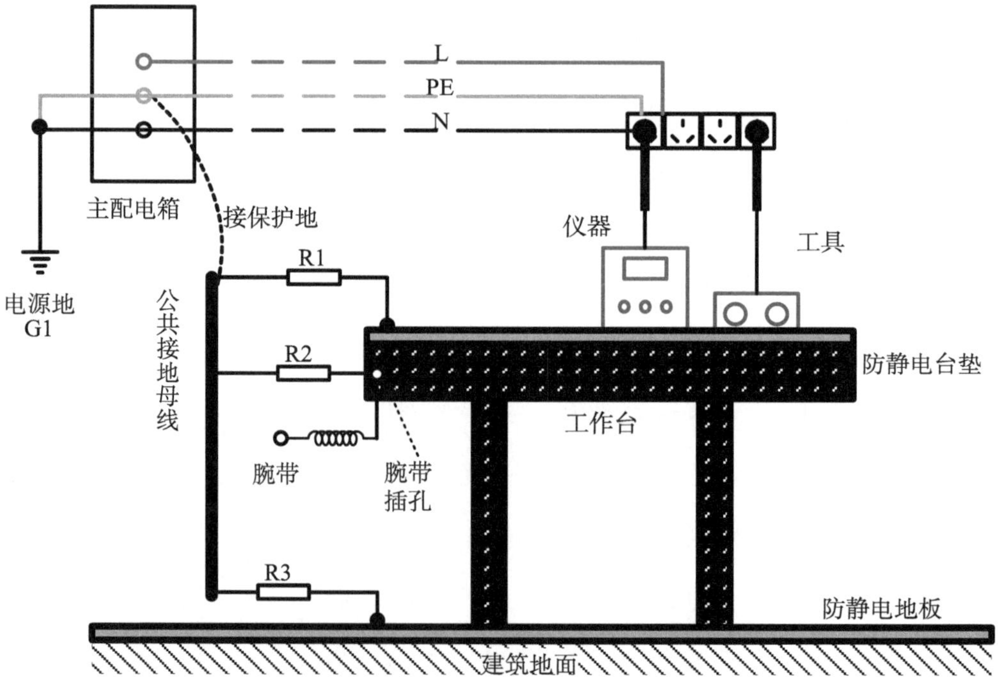

图 10－7　电源接地系统示意图

案例 51　使用交流电的电烙铁未接地

问题描述

在某 EPA 电装生产线上抽测电烙铁，接地电阻为 32.1 Ω，大于标准限值 10 Ω 要求。

问题分析

EPA 监视测量人员没有在日常检查中发现电烙铁的接地电阻已经超过指标上限。

防静电电烙铁、吸锡器、有源剥线器等使用交流电的工具，在验收测试时，要求工具的操作面（或与 ESDS 电子产品接触的表面）对接地点的电阻应小于 2 Ω。此电阻值可能随着使用而增大，但应小于 10 Ω。电烙铁使用时间久、频次高，烙铁头表面氧化均会导致电烙铁接地电阻阻值偏大。

不符合相关标准

Q/QJA 118—2013：5.3.6.1 EPA 内使用交流电的工具应采取接地措施，工具的操作面（或与 ESDS 电子产品接触的表面）对接地点的电阻限值应满足相关的要求。

GB/T 32304—2015：5.3.6.1 EPA 内防静电电烙铁、吸锡器、有源剥线器（热剥器）等使用交流电的工具应可靠接地，工具的操作面（或与 ESDS 电子产品接触的表面）对接地点的电阻应小于 10 Ω。

应采取的措施

将该电烙铁做报废处理，购置新的防静电电烙铁，检测合格后投入使用。

注： EPA 内使用交流电的工具应采取接地措施。电烙铁在使用前要测试接地电阻，若电烙铁头接地电阻大于接地电阻限值 10 Ω，则应更换烙铁头。

第 11 章 防静电工作区（运行管理）

防静电工作区的运行管理是航天电子产品静电防护管理体系对 EPA 使用、EPA 入口标识、人员进入控制、绝缘物品、温湿度环境条件等提出明确要求的管理措施。在防静电工作区管理方面，需重点关注绝缘物控制和温湿度管理。与绝缘物控制相关的问题主要表现在绝缘物识别不到位，绝缘物与 ESDS 电子产品混放，ESDS 电子产品附近存在必要绝缘物但未配置离子风机等问题。在温湿度管理方面，主要存在温湿度超差，温湿度超过范围但无有效控制措施等。各单位应根据实际情况，加强 EPA 内绝缘物控制和管理。EPA 内环境温湿度的控制要求需综合考虑产品研制生产所依据的标准，如有特殊要求，应采取相应措施来满足温湿度的控制要求。

案例 52　人员未经人体综合电阻测试进入 EPA

问题描述

在某生产中心 EPA 现场的部分操作人员，进入 EPA 前未进行人体综合电阻测试。

问题分析

这些操作人员没有按照 EPA 管理要求在每次进入 EPA 前进行人体综合电阻测试；现场使用的人体静电综合测试仪为单台使用，未与现场闸机系统联动。

操作人员在每日首次进入 EPA 时使用人体静电综合测试仪对防静电服、防静电鞋和腕带系统进行检测，部分操作人员在再次进入 EPA 时认为已经符合系统阻值要求了，导致未对每次出入进行人体综合电阻测试。

不符合相关标准

Q/QJA 118—2013：5.3.7.3 对进入 EPA 的人员应实行控制。

GB/T 32304—2015：5.3.7.2 对进入 EPA 的人员应实行控制。应规定经培训并获得上岗资格的人员才允许进入 EPA 处置 ESDS 电子产品，外来人员在 EPA 期间应由具备上岗资格的人员陪同。

进入 EPA 的人员应按要求正确穿戴防静电服装鞋帽，正确使用防静电用品（包含工具、包装）、设备、设施等。

应采取的措施

对 EPA 操作人员进行专题教育培训，强调进入 EPA 前必须通过人体静电综合测试仪的测试并留存记录；将人体静电综合测试仪与闸机系统联动，测试通过后闸机打开，确保每次进入 EPA 人员全部测试合格。

注： 应对进入 EPA 的人员实行控制，通过防静电服和防静电鞋测试仪测试并留存记录，外来人员还应做好登记。EPA 工作人员需经静电防护知识

培训，考核合格取得上岗资格。标准要求只有受过静电防护知识培训的人员才可以进入。进入EPA前应通过人体静电综合测试仪测试合格并进行登记记录（见表11-1），如使用闸机、门禁等系统测试时（见图11-1），可采用电子记录。其他没有资格或外来人员在进入EPA时，应由受过培训人员的陪同。且要告知外来人员单位的EPA管理规定，做好登记并存档。外来人员的着装及进入EPA前的监测要求参照ESDS电子产品处置人员执行。与EPA相关的其他人员如保洁人员、水电维修人员等也要进行静电防护教育，懂得相关注意事项。

表11-1 人体静电综合测试仪测试记录表示例

EPA房间号：

防静电腕带测试要求：$7.5\times10^{5}\ \Omega\sim3.5\times10^{7}\ \Omega$

检查方法：人体静电综合测试仪

日期	姓名	检测结果	备注

图11-1 EPA入口闸机示例

案例 53　外来人员的静电防护管理不符合要求

问题描述

某微波暗室 EPA 内有两名外来作业人员，其中一人未穿防静电鞋，另外一人的防静电服袖口挽起。

问题分析

外来作业人员未严格遵守 EPA 管理规定，在没有做好静电防护的情况下进入 EPA 进行操作；EPA 管理员和现场陪同人员未及时发现外来作业人员违规情况。

外来参试人员在调试过程中有可能接触 ESDS 电子产品，而作业人员更是 ESDS 电子产品的直接处置人员。防静电服的各部分（如从一只衣袖到另一只衣袖）应具有电气连续性，不正确穿着防静电服和防静电鞋，或者防静电鞋拖穿等行为，都会造成人体表面易起电且静电泄放路径断开，使人体表面带电，增加损伤 ESDS 电子产品的风险。

不符合相关标准

Q/QJA 118—2013：5.3.7.3 对进入 EPA 的人员应实行控制。

GB/T 32304—2015：5.3.7.2 进入 EPA 的人员应按要求应正确穿戴防静电服装鞋帽。

应采取的措施

立即将两名外来作业人员请出 EPA，对 EPA 管理员和现场陪同人员进行外来人员管理的专题教育培训。

注： 进入 EPA 的操作人员、参试人员、外协人员、参观人员、保洁等，均应正确穿戴防静电服装和鞋（见图 11－2）。首先头发不可外露、衣服无破损，衣扣全扣，不可卷起袖口，内部衣服不能外漏。防静电鞋不允许拖

穿（见图 11－3），鞋套导电带要与皮肤接触等。确保地板－鞋束系统能够可靠连接到 EPA 接地系统中。

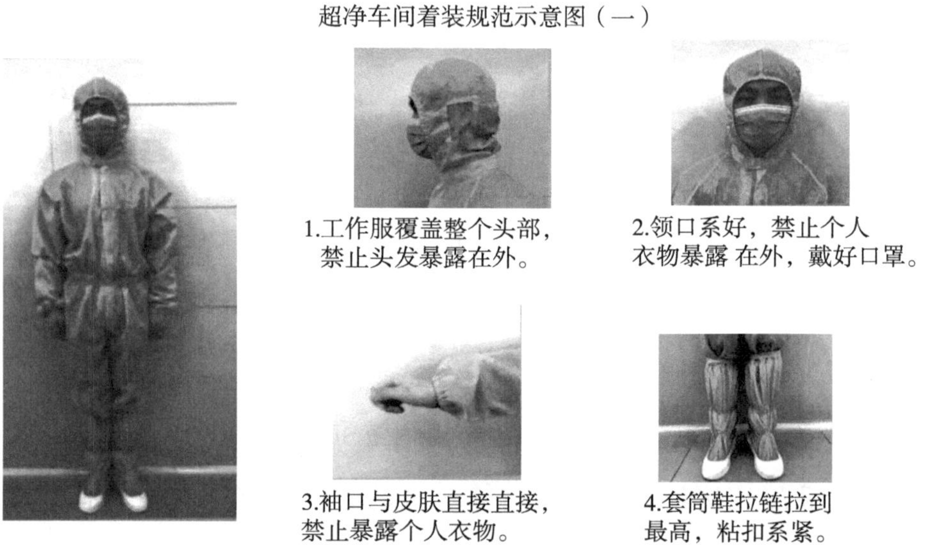

图 11－2　正确的着装示例

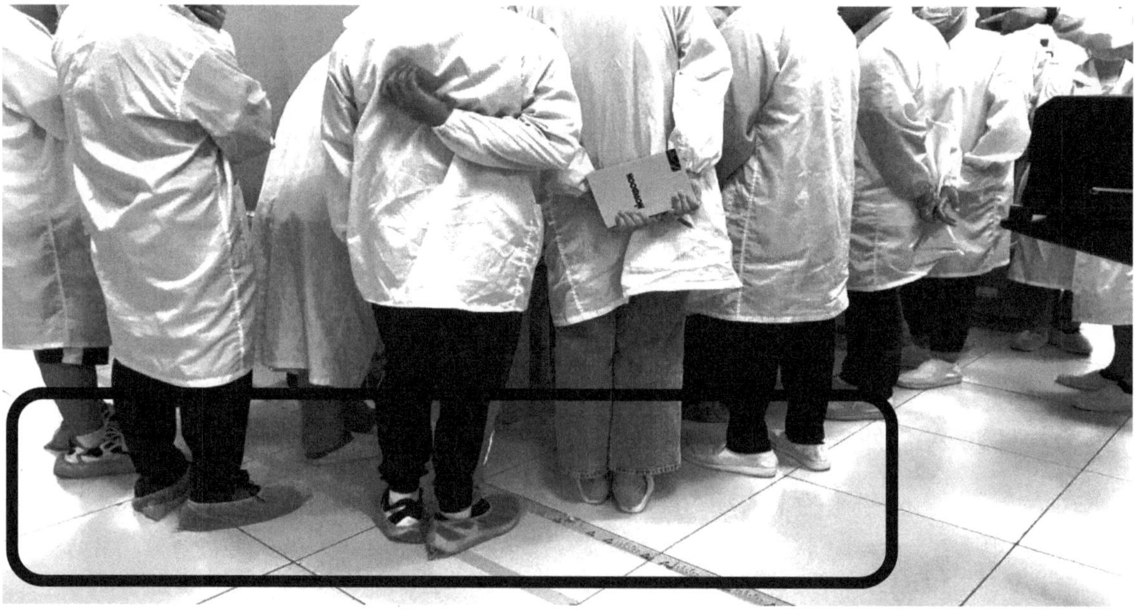

图 11－3　不正确的着装（鞋套无接地，防静电鞋拖穿）示例

案例 54　EPA 出现必要的绝缘物品但未配置离子风机

问题描述

EPA 电路板调试工位距离调试板放置位置不足 30 cm 处有显示器、试验机箱等绝缘物品，该工位未配置离子风机。

问题分析

EPA 管理员和现场操作人员对绝缘物品静电防护风险识别不到位，对于 EPA 中出现的必要绝缘物（计算机、各类工具、图纸、包装袋等），距离 ESDS 电子产品至少 30 cm 以上，但该工位由于操作面的大小受限，致使工位上需要使用的计算机和各类工具无法满足 30 cm 的距离要求，但是现场并没有配置离子风机或其他空气电离化设备。

当绝缘物上的静电荷无法耗散也无法通过中和进行消电处理时，容易导致 ESDS 器件或其他金属物品带电，从而产生因感应静电场原因导致的 ESDS 器件损伤事件。

不符合相关标准

Q/QJA 119—2013：5.4.3.1 应采取措施减少因电场感应所导致的带电器件模型（CDM）的产品损坏。当绝缘物品的表面电位大于 2 000 V 时，应采取以下措施：

a）使绝缘物品与 ESDS 电子产品相隔 30 cm 以上的距离；

b）使用离子风机或其他静电缓解技术，进行电荷中和处理。

GB/T 32304—2015：5.3.7.3 应规定绝缘物品的处置要求，以减少因电场感应导致的电子产品损坏。静电防护管理手册中应有工作过程所需绝缘物品的处置要求。当绝缘物品的表面电场强度可能大于 80 kV/m（2 000 V/2.5 cm）时，应使绝缘物品与 ESDS 电子产品相隔 30 cm 以上；当绝缘物品的表面电场强度可能大于 5 kV/m（125 V/2.5 cm）时，应使绝缘物与 ESDS 电子产品相隔 2.5 cm 以上。距离无法满足上述规定或必要时，应使用离子风机或其他静电缓解技术进行电荷中和处理。

EPA 内不应有与工作无关的绝缘物品（如纸制品、塑料制品等）。

应采取的措施

立即为该工位配置离子风机，在进行 ESDS 电子产品处置时开启离子风机进行静电中和。

注： 当 EPA 出现必要的绝缘物品时，应尽可能远离 ESDS 器件，标准要求的距离为 30 cm，或要确保绝缘物表面电场强度不超过 125 V/2.5 cm。当绝缘物品与 ESDS 电子产品距离和表面电压无法满足条件时，应配置离子风机或采取静电缓解措施（见图 11－4），避免因静电场导致的静电放电事故。如有图纸、计算机、绝缘包装、文具等物放置在工作台，或器件在进行点胶操作，都会产生较高的静电电压，此时需要通过配置离子风机来中和绝缘物上的静电荷。图 11－5 为离子风机关闭和开启两种状态下，绝缘物表面静电电压的差别。

图 11－4　离子风机与绝缘物示例

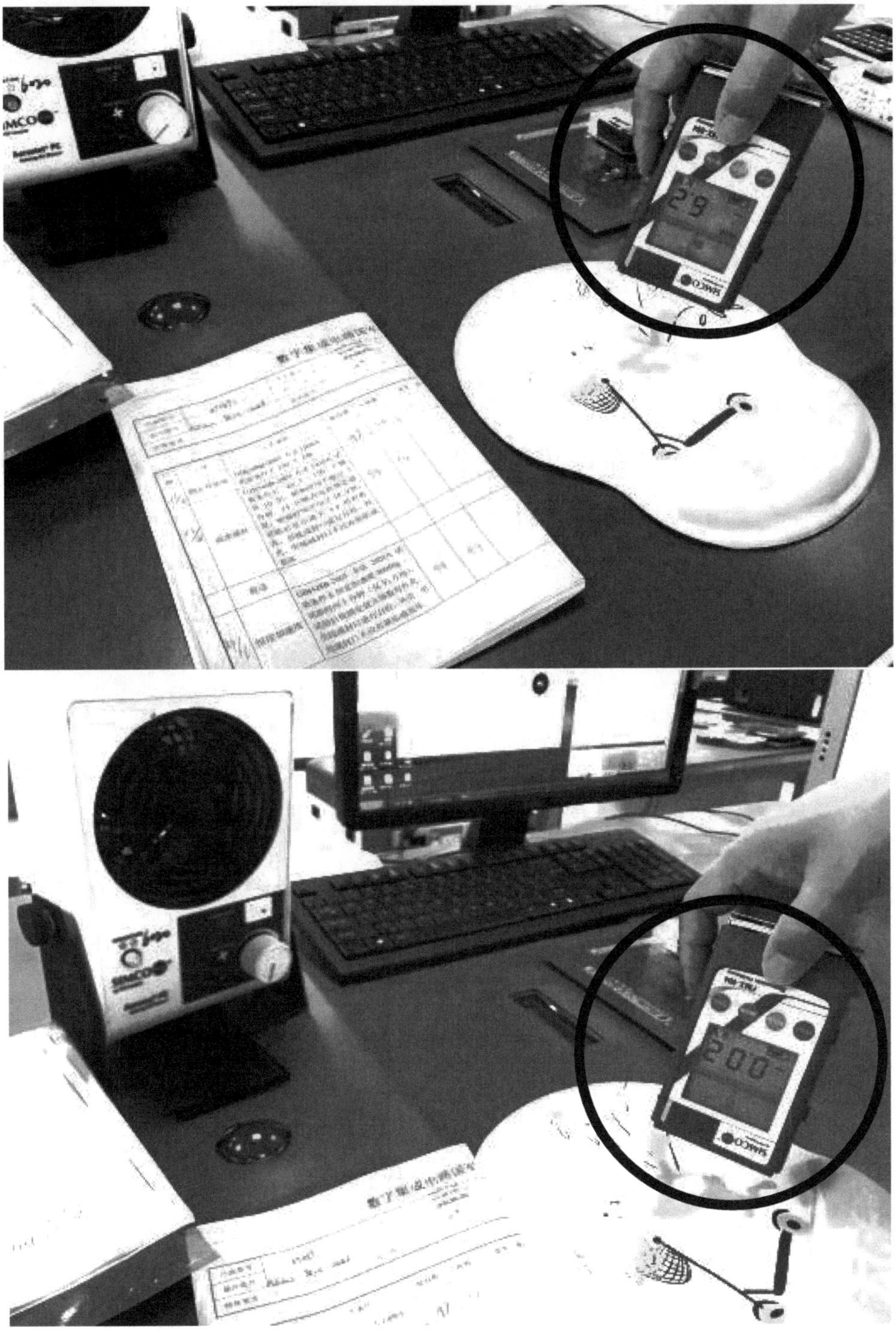

图 11－5　离子风机关闭和开启状态下的绝缘物表面电压示例

案例 55　EPA 内出现非必要的绝缘物品

问题描述

某Ⅱ类 EPA 环境试验区高低温试验箱中，疑似环氧材料的薄板被作为单机试验过程中的垫板，现场采用表面电阻测试仪检测，薄板的表面电阻值为 1.0×10^{13} Ω。

问题分析

因被试产品为单机产品，又处在Ⅱ类 EPA 内，现场人员认为敏感度等级不高，未按照防静电要求进行处置，绝缘物没有妥善管理。

不符合相关标准

Q/QJA 118—2013：5.3.7.4 应规定绝缘物品的处置要求，以减少因电场感应导致的电子产品损坏。

GB/T 32304—2015：5.3.7.3 应规定绝缘物品的处置要求，以减少因电场感应导致的电子产品损坏。静电防护管理手册中应有工作过程所需绝缘物品的处置要求。当绝缘物品的表面电场强度可能大于 80 kV/m（2 000 V/2.5 cm）时，应使绝缘物品与 ESDS 电子产品相隔 30 cm 以上；当绝缘物品的表面电场强度可能大于 5 kV/m（125 V/2.5 cm）时，应使绝缘物与 ESDS 电子产品相隔 2.5 cm 以上。距离无法满足上述规定或必要时，应使用离子风机或其他静电缓解技术进行电荷中和处理。

EPA 内不应有与工作无关的绝缘物品（如纸制品、塑料制品等）。

应采取的措施

将绝缘垫板移出试验区域，更换成满足该单机产品高低温试验的防静电垫板。

注： 隔板或温箱内部放置 ESDS 电子产品的表面对地电阻符合防静电要求时，ESDS 电子产品可直接放置，如不符合，则应在隔板上放置防静电托盘或其他符合要求的试验箱等。对绝缘包装（包括垫板、填充物、塑料盒等）进行测试就可发现，没有经过消电处理的绝缘物表面存在很高的静电电压，足以对 ESDS 器件造成损伤，因此要求现场不可出现非必要的绝缘物品，如不可避免出现绝缘物品，则应使用离子风机对绝缘物体进行消电处理。对于工作所需、不可移动的绝缘物品，应采取相应的防静电对策，如采用离子化静电消除器使积聚的静电荷中性化，或增大环境湿度，确保 ESDS 电子产品的处置安全。绝缘物表面电压测试如图 11－6、图 11－7 所示。

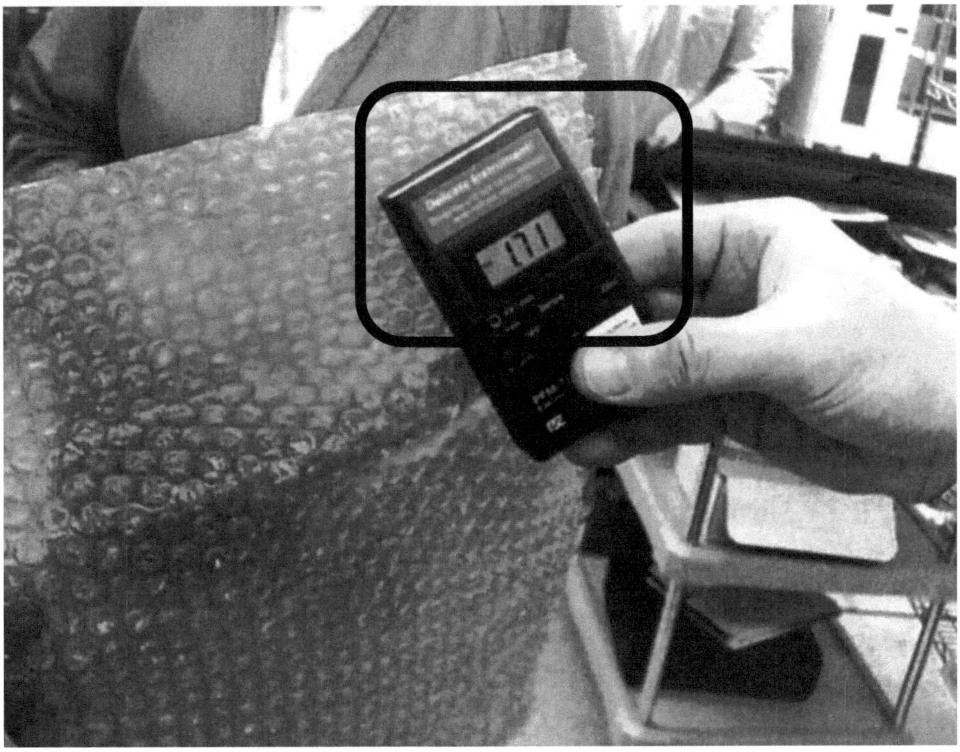

图 11－6　泡泡膜表面的静电电压示例

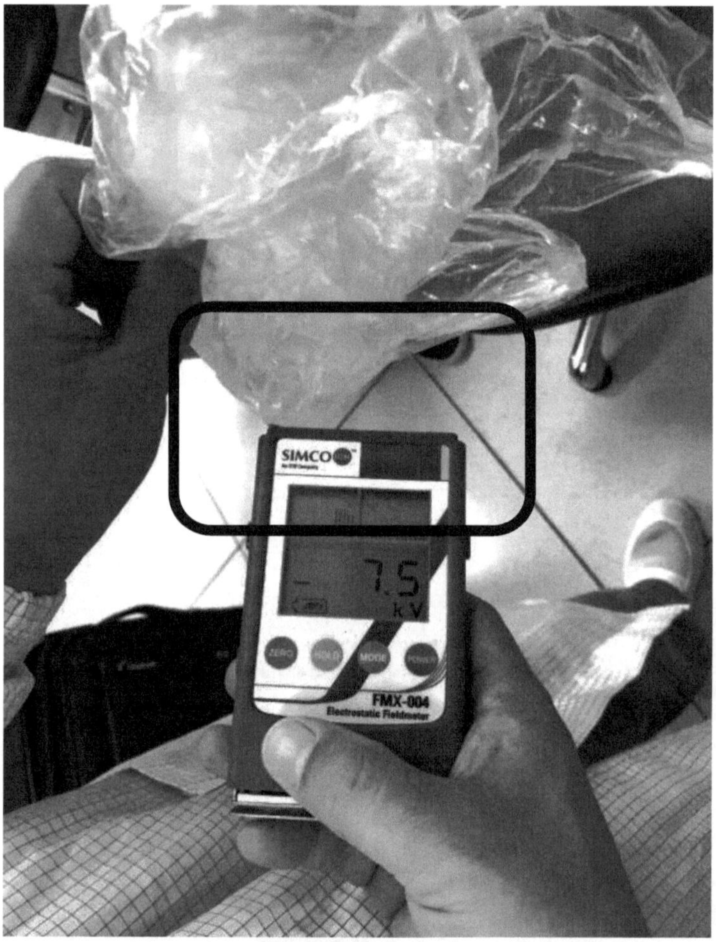

图 11－7　绝缘物表面的静电电压示例

案例 56　EPA 温湿度超差

问题描述

EPA 某房间的相对湿度为 13%，低于标准要求下限值 30%。

问题分析

由于空调故障导致该房间相对湿度低于 30%，EPA 管理员没有及时将监测结果反馈给条件保障部门进行湿度调节，同时也没有停止 ESDS 电子产品的生产工作。

在某些实验室空调实际运行情况与设计的差异很大，造成实验室的温湿度环境无法达到预期要求，尤其湿度过低，无法保证在此湿度环境下防静电设施的电性能仍然良好。

不符合相关标准

Q/QJA 119—2013：5.4.4 EPA 湿度控制是静电防护的关键要素之一，应规定湿度控制范围。EPA 应配置温度和湿度测量装置和调节装置。室内相对湿度宜保持在 40%～60%范围内，一般不应超出 30%～70%；室内温度应保持在 16～28 ℃范围内。对于有不同要求的 EPA，温湿度应符合专用技术文件的要求。

GB/T 32304—2015：5.3.7.4 应规定 EPA 内的湿度和温度控制范围。EPA 内应配置温度和湿度测量装置和调节装置。室内相对湿度一般不超出 30%～70%，室内温度一般保持在 18～28 ℃范围内。对于有不同要求的 EPA，温湿度应符合专用技术文件的要求。应做好温湿度记录，可采用手动记录或自动在线记录的方式，每天记录应不少于两次。

应采取的措施

立即停止 ESDS 电子产品的操作，通过空调调节环境湿度，确保湿度满足要求后恢复生产。

注： 一般 EPA 内应配置温度和湿度调节装置。室内相对湿度应保持在 40%～60%范围内，极限情况下不应超出 30%～70%；室内温度应保持在 16～28 ℃范围内。对于有不同要求的 EPA，温湿度应符合专用技术文件的要求。EPA 应根据电子产品的特点来规定其温度和相对湿度控制范围，防静电设施的防静电特性对湿度敏感，在干燥情况下其电阻值会增大。因此在 EPA 内应配置温度和相对湿度的测量装置以及调节装置，并将每日的温湿度分两次记录，以做到区域内温湿度能够稳定在所要求的范围内。监测用的温湿度表应经过计量检定且在有效期内使用，如图 11－8 所示。当 EPA 环境达不到规定要求时，应启动预防措施；相对湿度低于 30%时，必须采取有效的措施，比如开启空气加湿器等；否则，应停止处置 ESDS 电子产品。

EPA 区域温湿度监视与测量记录表

EPA 房间号：

温湿度要求：温度 16～28 ℃；湿度 30%RH～70%RH

测量日期（年/月/日）	测量项目	上午		下午		记录人
		测量时间	记录数值	测量时间	记录数值	
	温度/℃					
	湿度/RH					

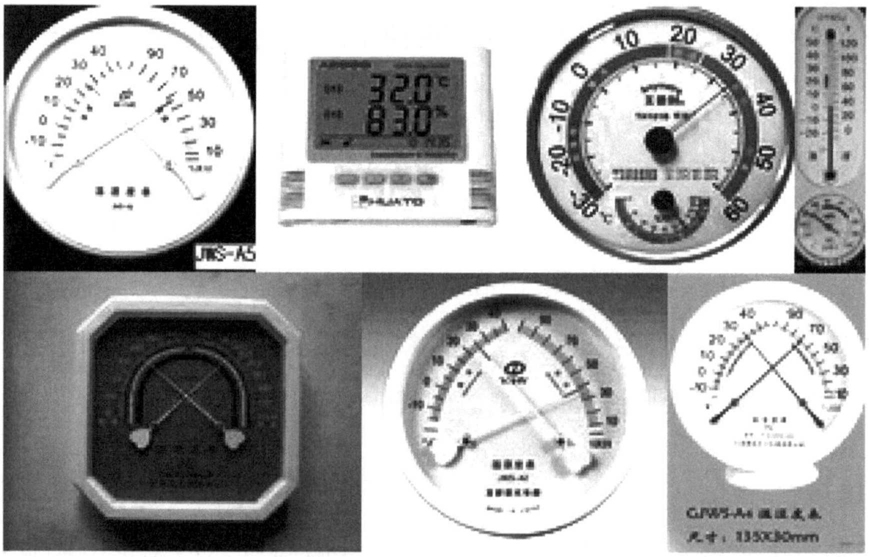

图 11－8　温湿度监测记录表及温湿度表示例

第12章　包　装

包装是航天电子产品静电防护管理体系对ESDS电子产品的一种重要静电防护保护手段（包括EPA内、外两种情形）。关于包装的不符合问题主要表现为：包装重复使用后出现阻值超差、产品转运时包装开口、转运包装箱内出现绝缘材料等。各单位应提出“对重复使用防静电袋进行定期检测及在使用前由EPA管理员确认合格后方可使用”的要求；在EPA内的包装应该具有防静电性能，而在运输、储存过程中，若需要转运至EPA外，则要求必须使用带有屏蔽性能的包装或采用带有屏蔽性能的组合包装。

案例 57　防静电包装袋的阻值超差

问题描述

某研究所现场使用的防静电包装袋阻值达到 10^{10} Ω 以上，但检测记录上判定为合格。《静电防护监视测量管理程序》文件中要求的“防静电包装（袋、泡沫、盒、箱、周转容器）表面点对点电阻”的允许范围和“与 ESDS 元器件直接接触的表面使用静电耗散类材料，即表面电阻要求为 1.0×10^{5} Ω～1.0×10^{11} Ω 的材料”标准要求不相符。

问题分析

该研究所未按照体系标准要求制定程序文件中防静电包装的表面电阻指标限值，标准要求与 ESDS 电子产品直接接触的防静电包装表面的点对点电阻为 1×10^{5} Ω～1×10^{10} Ω。

防静电包装袋实际阻值如果已经超过静电耗散材料的规定范围，耗散性能变差，会导致 ESDS 器件上的静电荷无法有效泄放，容易造成 ESDS 器件带电和接触放电。

不符合相关标准

Q/QJA 120—2013：4.10 在防静电工作区内，防静电包装其内、外表面任意点与接地点之间的电阻小于 1.0×10^{10} Ω。

GB/T 32304—2015：5.7.3 表 3　静电防护包装的内、外表面点对点电阻小于 1.0×10^{10} Ω。

应采取的措施

该研究所的程序文件中的监视测量方法和技术指标限值，应按照体系标准要求执行，在防静电包装袋初次验收和重复使用多次后的符合性验证测试中，按照标准要求判定其是否能够继续使用，若不合格应及时更换。

注：目前大多数静电电阻测试仪电极均为电阻测试电极，若组织所使用的电阻表配置了电阻率测试电极，要根据电阻率测试电极的规格将测试结果换算成电阻值，再与标准中电阻限值进行比较判定。

案例 58 与 ESDS 电子产品直接接触的包装填充物为非防静电材料

问题描述

在某成品测试间 EPA 内，打开某装有待交付产品的防静电包装盒（编号 G2N2222A、数量 10），发现盒内有非防静电泡沫作为填充，现场测量其表面电压>2 000 V。

问题分析

该产品的外包装盒为防静电材料，操作人员误认为只要使用了防静电包装将产品装好就可以保护产品不受损伤，疏忽了填充物也是与 ESDS 电子产品直接接触的表面。

ESDS 电子产品的外包装盒使用了防静电包装，但是填充物为非防静电材料，且测量时其表面带有高电压（>2 000 V），可能在取放和运输过程中对 ESDS 电子产品造成损伤。

不符合相关标准

Q/QJA 120—2013：4.10 c）对于不与静电敏感电子产品直接接触的减震或填充材料，表面与其他物体相互摩擦或自身摩擦时应不易起电。

应采取的措施

立即将包装盒内的填充材料更换为防静电材料。

注： 填充材料应选用不易起电的材料。如果无法满足包装中防静电填充材料的要求，则将产品与填充物隔开，先将 ESDS 电子产品包装在防静电屏蔽包装袋中，再将其装入填充海绵上固定。

案例 59　装有 ESDS 电子产品的防静电屏蔽包装袋未封口

问题描述

某部门 EPA 的防静电货架上，包装后的 ESDS 电子产品和非 ESDS 电子产品混放，且其中 1 个周转箱中有 3 个放置 ESDS 电子产品的防静电屏蔽包装袋未封口。

问题分析

该部门 ESDS 电子产品处置人员未严格按照工艺要求进行防静电屏蔽包装袋封口，并且错误地认为 ESDS 电子产品只要放入防静电包装袋（非屏蔽）内就可以和非 ESDS 电子产品混放。

ESDS 电子产品防静电屏蔽包装袋未封口，无法起到静电屏蔽的效果，包装袋内的 ESDS 电子产品仍存在感应带电的风险。

不符合相关标准

Q/QJA 119—2013：5.5 c）ESDS 元器件、半成品、成品组装件均应装入全封闭的防静电容器或防静电屏蔽袋内。

GB/T 32304—2015：5.4.2 c）ESDS 元器件、半成品、成品组装件在 EPA 外均应装入全封闭的防静电屏蔽容器内。

应采取的措施

按照类别重新规整防静电货架上存放的产品，将装入防静电包装后的 ESDS 电子产品和非 ESDS 电子产品分开存放，并将防静电周转箱中放置 ESDS 电子产品的防静电屏蔽包装袋进行封口。

注：防静电货架或货柜如果只用于摆放 ESDS 电子产品，则可以不需要防静电包装，但如果与非 ESDS 电子产品或其他可能是绝缘物的物品混放，则不可裸露摆放，应按照 EPA 外的储存要求进行处置。放置在防静电货架

上的 ESDS 器件与绝缘物混放时，应放置在屏蔽包装袋内。ESDS 元器件、组件等均应按标准要求使用防静电包装和周转容器，在运输、转运或者在 EPA 外存放等过程中不应打开防静电包装。若装在转运箱内，则不应打开盒盖或包装箱盖（见图 12－1）。

图 12－1　放置 ESDS 电子产品的包装箱示例

案例 60　ESDS 电子产品合同中未明确防静电包装要求

问题描述

某型号 ESDS 元器件采购合同中未明确防静电包装要求。

问题分析

采购人员认为采购所使用的合同为制式合同，无法随意更改合同内容，因此未在合同中明确防静电包装要求。

如果采购合同中未明确防静电包装的技术要求，可能会导致采购的 ESDS 电子产品使用普通塑料包装或绝缘泡沫包装，在运输过程中，这些绝缘包装会摩擦带电进而使内部的 ESDS 元器件感应带电，从而增加发生静电放电损伤的风险。与此同时，由于合同中未明确相关要求，因此即使发生上述风险，供应商也可因“合同中并未要求”的理由规避掉相关责任，从而造成采购方的经济损失。

不符合相关标准

Q/QJA 118—2013：5.4 组织应对 ESDS 电子产品在 EPA 内、外的静电防护包装要求做出规定，并在合同、采购订单、图样或其他相关文件中予以明确。

GB/T 32304—2015：5.4.1 组织应对 ESDS 电子产品在 EPA 内、外的静电防护包装要求做出规定，并在合同、采购订单、图样或其他相关文件中予以明示。

应采取的措施

申请修订元器件采购的制式合同，增加防静电包装要求；修订合同模板完成前，可以采用补充协议的方式传递防静电包装要求。

注： 在编制涉及ESDS电子产品的采购合同时，应将具体的防静电包装要求写入其中，约定好包装的样式、表面电阻值、屏蔽效能、封口形式等；也可将防静电包装相关要求写入补充协议或者技术任务书中，作为合同附件一并传递给供应商。

案例61 EPA外的ESDS电子产品未使用防静电屏蔽包装袋

问题描述

某公司成品库房为非防静电工作区，该处存储的为公司生产的ESDS电子产品整机，包装交付用户时仅使用了普通的防静电包装袋，不具备静电屏蔽功能。

问题分析

公司管理人员认为产品交付给客户的过程只需要使用防静电包装袋就可以实现静电防护功能，同时考虑到成本问题，最终选用了不具备屏蔽功能的防静电包装袋。

本案例中ESDS电子产品整机需要经过成品存储、交通运输等环节，最终交付到客户手中。在这些ESDS电子产品整机处置过程中，无法避免地会存在复杂静电电磁环境作用，普通的防静电包装袋只有静电耗散性能，不具备对感应静电场的屏蔽能力，包装内的产品容易因感应带电而发生静电放电事件。

不符合相关标准

Q/QJA 119—2013：5.5 a）与ESDS电子产品直接接触的包装材料应是静电耗散材料；b）ESDS电子产品在EPA之间转运和在EPA外时，应满足a）的要求并增加静电放电屏蔽措施。

GB/T 32304—2015：5.4.2 a）与ESDS电子产品直接接触的包装材料应是静电耗散材料；b）ESDS电子产品在EPA之间转运和在EPA外时，应满足a）的要求并增加静电放电屏蔽措施。

应采取的措施

将所有交付的ESDS电子产品整机的防静电包装更换为防静电屏蔽包装。

注：对于 ESDS 电子产品，在 EPA 外时应采取静电屏蔽措施，通常的做法是用防静电屏蔽包装袋对 ESDS 电子产品进行包装。特殊情况下，也可以通过组合形式实现屏蔽功能，例如使用防静电海绵或防静电包装袋对产品进行包装防护后放入金属包装箱内实现屏蔽功能，如图 12－2 所示。

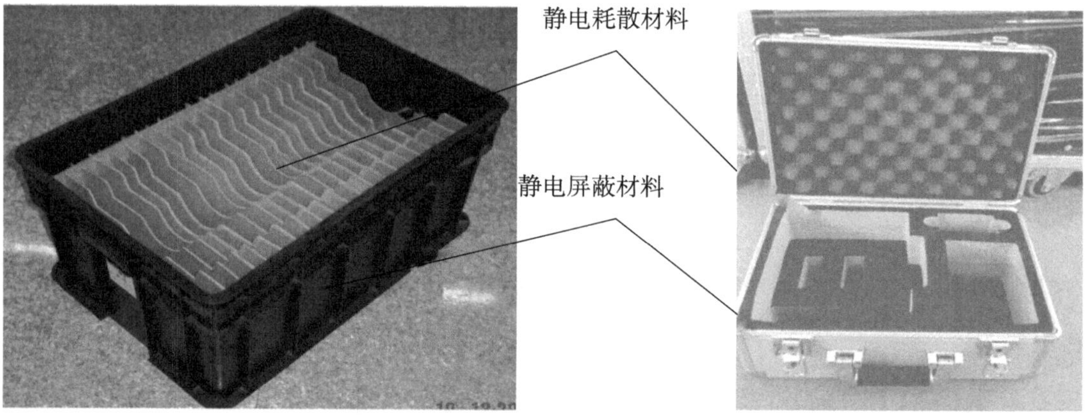

图 12－2　静电屏蔽包装箱示例

第13章 标 识

标识是航天电子产品静电防护管理体系通过静电敏感警示标识、静电防护标识方式，以醒目方式提醒ESDS电子产品处置人员注意静电放电风险并正确使用防静电用品、设备、设施。标识是型号产品科研生产现场静电防护管理要求传递的有效方式。关于标识的不符合问题主要表现为：EPA入口处未张贴EPA标识、静电放电敏感标识和静电防护标识使用错误情况等。

案例 62　防静电设施未张贴静电防护标识

问题描述

某研究室 EPA 内货架上没有静电防护标识，8 把防静电椅子没有静电防护标识。

问题分析

EPA 管理员对 EPA 内静电防护设施的监督管理不到位，未能在日常检查中发现防静电货架和防静电椅子静电防护标识已经脱落。

如果防静电设施没有粘贴静电防护标识，无法区分该设施是否具备防静电性能，容易造成防静电设施和非防静电设施混用错用。

不符合相关标准

Q/QJA 119—2013：5.6 ESD 标识应清晰明确。ESD 防护标识用于防静电包装、防静电器材设备等。

GB/T 32304—2015：5.5.2 静电标识应清晰明确。静电防护标识用于防静电包装、防静电器材设备等。

应采取的措施

在日常监督管理中增加对标识的检查内容，重点检查静电防护设备、设施、器材是否正确粘贴了静电防护标识；ESDS 电子产品及其包装是否正确使用了静电敏感警示标识；确保应该使用防静电标识的物品全部正确使用。

注：对于具备防静电性能的设施，如防静电工作台、椅子、小车、柜子、架子等均应在检测合格后粘贴静电防护标识，表示该设施具备防静电性能。静电防护标识能够使在 EPA 内工作的员工养成习惯，只要看到粘贴了静电防护标识，便可放心地将 ESDS 电子产品放到对应的设施上进行处置。

案例 63　静电防护标识错误粘贴

问题描述

某部门 EPA 内放置文件夹等物品的非防静电柜上贴有静电防护标识。

问题分析

EPA 管理员对 EPA 内静电防护设施的监督管理不到位，该文件柜只用于存放资料或其他日常用品，不需要按照防静电设施管理，不可粘贴静电防护标识。错用标识导致非防静电设施粘贴静电防护标识，可能出现将 ESDS 电子产品放置在非防静电柜内引发静电放电的风险。

不符合相关标准

Q/QJA 119—2013：5.6 ESD 标识应清晰明确。ESD 防护标识用于防静电包装、防静电器材设备等。

GB/T 32304—2015：5.5.2 静电标识应清晰明确。静电防护标识用于防静电包装、防静电器材设备等。

应采取的措施

部门应严格执行关于标识的管理要求，确保 EPA 内的防静电设施粘贴静电防护标识，杜绝非防静电设施出现静电防护标识的问题；EPA 管理员加强现场管理，定期检查所有防静电器材设备，确保静电防护标识清晰明确。

注： ESDS 器件静电防护标识用于 EPA 内的所有防静电设施（见图 13-1），提示“此设备已具备静电防护措施，可处置 ESDS 电子产品”。静电敏感标识用于 ESDS 器件和产品上，提示“此物品是静电敏感的”。

图 13-1　静电防护标识示例

案例 64　电子元器件采购订单中未明确静电放电敏感标识要求

问题描述

某公司的物流供应中心与某公司签订的集成电路进口代理协议中，未提出对进口元器件的静电防护相关要求。该公司的外协产品要求，如《某通信模块正样验收大纲》等文件，均未对产品的静电放电敏感度提出要求，也未提出静电标识的要求。

问题分析

物流供应中心对供货商的防静电要求未落实到合同协议中；公司对外协产品在静电防护方面的要求还不够明确，未在文件中写明防静电具体要求。

从外部供应商获得产品和服务时如果不能有效地传递静电敏感标识要求，则可能会导致供应商交付的产品没有静电敏感警示标识，无法区分产品是否静电放电敏感，可能无法及时采取相应的静电防护措施。

不符合相关标准

Q/QJA 118—2013：5.5 组织应对 ESDS 电子产品、静电防护包装和其他相关物品的标识要求作出规定，并在合同、采购订单、图样或其他文件中予以明确。

GB/T 32304—2015：5.5.1 组织应对 ESDS 电子产品、静电防护包装和其他相关物品的标识要求作出规定，并在合同、采购订单、图样或其他文件中予以明示。

应采取的措施

今后在签订进口 ESDS 器件的采购合同时，明确加入关于静电防护方面的相关要求。同时，要求研究室外协产品的相关文件中，必须在外协产品包装、标识等方面包含静电防护方面的要求。

注：如果合同中不便明确防静电标识的要求，也可以将相关条款和标准写入技术任务书或补充协议中，作为合同正文的补充。

案例 65 电装工艺文件中未见 ESD 警示标识

问题描述

某部门的电装工艺文件中涉及 ESDS 器件，文件中未包含静电防护要求和 ESD 警示标识。

问题分析

工艺人员在编制工艺文件时沿用了以前的模板，未结合静电防护管理体系要求对工艺文件内容进行适应性更新，导致在静电防护关键工序处无任何静电防护要求和 ESD 警示标识。

工艺文件中不明确静电防护要求和相应的静电敏感警示标识，会导致操作人员在执行该工艺文件时忽略 ESDS 电子产品的静电防护要求，甚至造成 ESDS 电子产品静电损伤。

不符合相关标准

Q/QJA 118—2013：5.5 组织应对 ESDS 电子产品、静电防护包装和其他相关物品的标识要求作出规定，并在合同、采购订单、图样或其他文件中予以明确。

GB/T 32304—2015：5.5.1 组织应对 ESDS 电子产品、静电防护包装和其他相关物品的标识要求作出规定，并在合同、采购订单、图样或其他文件中予以明示。

应采取的措施

修订电装工艺文件，在有静电防护需求的工序增加静电防护要求并用星号等符号进行 ESD 警示标识。

注：在工艺文件、图样中明确ESD标识可以非常直观地提醒ESD处置人员在什么环节、什么工序、什么作业的时候需要注意做好静电防护。对于ESDS电子产品的标注也有利于作业人员有效识别出需要防护的对象，降低静电放电损伤风险。同时，工艺文件作为现场ESDS电子产品处置操作的重要依据之一，在充分评估工艺质量要求的情况下，要将静电防护要求具体落实在工艺文件中。

第 14 章　采购和外包

采购和外包是航天电子产品静电防护管理体系建设的组织与外部协作方之间互相传递静电防护要求的关键环节。关于采购和外包的不符合问题主要表现为：部分体系建设单位未将静电防护要求通过有效途径传递至相关外协单位，在采购、生产、试验、储存等环节静电防护要求传递均有不足，或在选择、考核、评价外协单位过程中未将建立静电防护管理体系作为评价其能力或资质的基本条件，导致静电防护管理链条不完整，外协单位考核评价不全面等。静电防护工作持续性、连贯性效果仍需提升。

案例 66　缺少外包方静电防护资格认定评价

问题描述

某职能部门提供的《合格外包方资格认定表》中，缺少对外包方静电防护资格认定的内容。

问题分析

该部门主管沿用了旧的《合格外包方资格认定表》，未考虑到 ESDS 电子产品的外包方需要具备相应的静电防护能力，未能将静电防护资格认定内容增加到认定表中。

未对外包方开展静电防护资格认定，会遇到某外包方虽然满足质量管理体系要求，但是不具备符合要求的静电防护能力，在生产加工 ESDS 电子产品时无法提供相应的静电防护手段，导致 ESDS 电子产品在外包方受到静电损伤引发立即失效或潜在性失效，而潜在性失效会使存在隐患的产品流入后续生产工序，最终可能造成型号产品失效。

不符合相关标准

Q/QJA 118—2013：5.6 b）组织应评价产品和服务供应商的相应能力或资质，并保存评价记录和获得批准的供应商名录。组织应编制程序文件，以规定确保采购和外包的产品和服务满足组织的静电防护要求所需的控制（产品包括 ESDS 电子产品以及静电防护设备、设施、器材等）。

GB/T 32304—2015：5.6.1 b）组织应评价产品和服务供应商的相应能力或资质，并保存这些评价的记录和获得批准的供应商名录。

应采取的措施

在《合格外包方资格认定表》中增加对 ESDS 电子产品外包方的静电防护资格认定内容，同时加入静电防护能力的检查内容。

注： 与静电防护有关的外协外包方一般包括参与ESDS电子产品生产的协作方、提供ESDS电子产品的供货商、提供静电防护用品的销售商等，对于这些外协外包方应该审查核验其静电防护相关资质和能力，包括生产现场的静电防护水平、已经取得的生产/销售资质、第三方认可的静电防护管理体系认证等，确保ESDS电子产品在外协外包过程的全链条防护。

案例 67　合同中的 ESDS 电子产品供方未纳入合格供方名录

问题描述

某研究所资产管理与采购部门的一份采购合同中，ESDS 电子产品供方未纳入本单位的合格供方名录。

问题分析

该供应商从事 ESDS 电子产品生产并提供相关产品给单位，但由于其提供的产品尚在考核期内，因此未将其纳入合格供方名录。

采用合格供方名录外的供应商从事 ESDS 电子产品生产，如果供方不具备静电防护能力会导致 ESDS 电子产品在生产过程中受到潜在性损伤。

不符合相关标准

Q/QJA 118—2013：5.6 b）组织应评价产品和服务供应商的相应能力或资质，并保存评价记录和获得批准的供应商名录。组织应编制程序文件，以规定确保采购和外包的产品和服务满足组织的静电防护要求所需的控制（产品包括 ESDS 电子产品以及静电防护设备、设施、器材等）。

GB/T 32304—2015：5.6.1 b）组织应评价产品和服务供应商的相应能力或资质，并保存这些评价的记录和获得批准的供应商名录。

应采取的措施

立即对该供应商进行考核评价，尤其对其从事 ESDS 电子产品生产的相关内容进行核查确认，通过供方考核后，按照研究所要求纳入本单位合格供方名录。

注：所有从事 ESDS 电子产品生产的供应商均应对其进行静电防护能力和资质的确认，考核后纳入合格供方名录后方可选用。特殊情况下，如果计划选用某供应商作为考察对象，应采用试制方式，待考核合格纳入供方后方可承担正样 ESDS 电子产品的生产。

案例 68　合同中未明确静电防护产品验收标准

问题描述

某公司的防静电物资采购部门为资产经营处，其负责签订的静电防护物资销售合同中未明确防静电物资的验收标准。

问题分析

采购合同管理人员认为只要提出采购的是防静电物资就算是提出要求了，没有意识到不同种类的防静电物资还有不同的产品防静电标准。

防静电物资采购合同如果不明确验收标准，可能会导致采购回来的防静电物资不满足单位的使用要求，而且不同的供应商执行的产品生产标准也可能不一样，最终导致防静电产品无法使用也无法办理退换货。

不符合相关标准

Q/QJA 118—2013：5.6 a) 应将组织的静电防护要求传达给产品和服务的供应商。

GB/T 32304—2015：5.6.1 a) 应将组织的静电防护要求传达给产品和服务的供应商。

应采取的措施

在采购合同中明确验收标准为 Q/QJA 118～123—2013 系列标准，并在合格供方名录中单独设立防静电用品和 ESDS 电子产品供应商的分类和备注。

> **注：**应在防静电产品采购合同中明确静电防护标准。如果合同受篇幅限制不能明确静电防护产品性能的验收标准，也可通过补充协议等方式明确静电防护要求，并确保产品和服务的供应商知悉。

案例 69　ESDS 电子产品技术要求文件中未提出具体的静电防护要求

问题描述

某部门外包 ESDS 电源模块的技术质量要求“1.5 使用环境”中仅勾选了防静电选项，未提出具体的静电防护要求。

问题分析

质量管理人员在制定产品技术质量要求文件模板时，仅简单地列出了防静电选项，但如何满足防静电要求没有列明，也没有将 Q/QJA 118～123—2013 标准进行有效传递。

不符合相关标准

Q/QJA 118—2013：5.6 a) 应将组织的静电防护要求传达给产品和服务的供应商。

GB/T 32304—2015：5.6.1 a) 应将组织的静电防护要求传达给产品和服务的供应商。

应采取的措施

修改该 ESDS 电源模块的技术质量要求，增加具体的静电防护要求和相关标准。在单位内部进行宣贯培训，明确技术质量文件需要列出具体的静电防护要求，并将相关标准传达给供应商。

注：组织在向产品和服务的供方传递静电防护要求时，通常可以采取的方法包括合同、技术任务书、补充要求、评审文件等，应在这些文件中引用相关静电防护标准或注明具体的静电防护要求。

案例 70　采购合同的需求评审材料缺少静电防护标准信息

问题描述

采购部门提供的一项采购合同中，提供的“静电防护需求识别评审”见证材料中，《评审证明书》缺少依据的静电防护标准信息。

问题分析

该采购合同评审结论中描述的评审依据为该组织的程序文件《静电防护需求识别程序》，但未明确相应的静电防护标准信息，这种情况容易导致静电防护需求的识别结果与实际应用不一致。

不符合相关标准

Q/QJA 118—2013：5.6 a）应将组织的静电防护要求传达给产品和服务的供应商。

GB/T 32304—2015：5.6.1 a）应将组织的静电防护要求传达给产品和服务的供应商。

应采取的措施

归口管理部门再次组织进行静电防护需求评审，评审证明书中增加评审依据标准，如 GJB 1649—1993《电子产品防静电放电控制大纲》、GJB 548C—2021《微电子器件试验方法和程序》方法 3015 静电放电敏感度的分级。同时，更新“静电防护需求识别评审”的《评审证明书》模板，明确体现静电防护需求评审所依据的静电防护标准。

注：在评审时加入相关静电防护标准是为了确保组织在开展这些评审时能够选取和使用正确的技术指标和管理要求。一般建议将国家标准、国军标、行业常用标准等作为引用文件。

案例 71　未能提供静电防护产品复验记录

问题描述

某公司《物资购置和外包管理程序》规定物资与保障部门负责 ESDS 电子产品及静电防护设备、设施、器材的购置、复验等，但物资与保障处未能提供静电防护产品复验记录。

问题分析

《物资购置和外包管理程序》4.1.4 条款中的“复验”和物资与保障部门实际开展的静电防护设备设施入所检验工作内容不一致。未开展复验的产品，无法证明其满足静电防护要求，不具备防静电性能的产品使用时会增加静电损伤风险。

不符合相关标准

Q/QJA 118—2013：5.6 组织应确保采购和外包的产品和服务满足静电防护要求。

GB/T 32304—2015：5.6.1 组织应确保采购和外包的产品和服务满足静电防护要求。

应采取的措施

物资与保障部门对《物资购置和外包管理程序》4.1.4 条款进行修订，将“复验”改为“组织检验”，进一步明确静电防护设备、设施、器材的“组织检验”职责，并组织制定《外购防静电物资入库检验单》。

注：为了确保产品满足静电防护要求，使用方可以要求供应商将静电防护设备、设施、器材送至有资质的检测机构并提供检测合格报告，使用方可以直接采信检测报告结果作为复验结论；或者由使用方依据相关标准开展自行复验，但需要按照标准配置相应的测试仪器以及测量实验室环境条件。一般不可以直接采信供应商自测合格结果。

案例 72　未能提供静电防护合格供方的现场审核评价记录

问题描述

某研究所质量技术处《外协供方质量能力审核实施细则》规定对供应商每四年进行一次现场审核（含静电防护内容），但在一次审查时，该处未能提供2019年合格供方名录中的某供应商四年内进行的现场审核评价记录。

问题分析

该研究所的质量技术处对该供应商的静电防护能力、资质的初次考核评价都留有记录，但因目前该研究所此类供应商较多，在编制年度审核计划时将此家供应商遗漏，这一遗漏可能引发潜在危险，会出现因该供应商静电防护能力变化而使交付的ESDS电子产品发生静电放电损伤风险。

不符合相关标准

Q/QJA 118—2013：5.6 b）组织应评价产品和服务供应商的相应能力或资质，并保存评价记录和获得批准的供应商名录。组织应编制程序文件，以规定确保采购和外包的产品和服务满足组织的静电防护要求所需的控制（产品包括ESDS电子产品以及静电防护设备、设施、器材等）。

GB/T 32304—2015：5.6.1 b）组织应评价产品和服务供应商的相应能力或资质，并保存这些评价的记录和获得批准的供应商名录。

应采取的措施

质量技术处组织对该供应商进行现场审核，重点对单位的静电防护管理体系运行情况进行审核，确认单位静电防护管理体系运行正常，能够满足外协产品对静电控制的要求，并加强研究所内对外协供方审核计划编制以及实施人员的业务培训，确保后续审核计划全面、执行有效。

注： 对供应商进行评价时，应根据其承担的具体产品是否为 ESDS 电子产品来决定是否需要审查供应商的静电防护相关内容，并定期开展复查，确保其静电防护能力持续符合体系要求。

案例 73　外协外包方评价记录中缺少静电防护要素

问题描述

某公司质量管理部门提供的《外协方质量能力评价记录标准》中缺少静电防护相关要素。

问题分析

质量管理部门的主管人员在开展供方评价时只关注质量管理体系、生产环境、安全要求等常规内容，未将静电防护管理体系的相关要素纳入评价记录表中。

质量管理人员没能充分认识到静电防护管理虽然与质量管理相关性很强，但是也是一个独立的全链条的管理过程，只按原有的质量管理评价手段无法确定供方是否真实具备满足体系要求的静电防护能力。不具备静电防护能力的供方，即使其他质量管理分数再高也不可以生产加工 ESDS 电子产品，否则可能会导致产品发生静电放电损伤。

不符合相关标准

Q/QJA 118—2013：5.6 b）组织应评价产品和服务供应商的相应能力或资质，并保存评价记录和获得批准的供应商名录。组织应编制程序文件，以规定确保采购和外包的产品和服务满足组织的静电防护要求所需的控制（产品包括 ESDS 电子产品以及静电防护设备、设施、器材等）。

GB/T 32304—2015：5.6.1 b）组织应评价产品和服务供应商的相应能力或资质，并保存这些评价的记录和获得批准的供应商名录。

应采取的措施

在对外协方的质量能力评价记录中，增加静电防护能力评价章节，对外协方的 EPA 配置、管理、人员能力、包装、标识等体系要素内容进行考核评价。

注：在对供方进行能力或资质评价时，应制定相应的检查记录表，结合静电防护管理体系标准要求的12个要素逐一对供方的静电防护能力进行评价。

第 15 章　监视和测量

监视和测量是航天电子产品静电防护管理体系运行管理中，确保静电防护技术要求持续获得有效技术确认的必不可少的一项重要工作，既包括组织内部监测，也包括组织外部的第三方检测机构的计量检测等。关于监视和测量的不符合问题主要表现为：部分单位存在 EPA 内使用的静电防护设备设施未按标准要求进行监视测量的情况，同时也存在技术指标明显超差的设备设施仍在使用情况。监视和测量是静电防护管理体系工作平稳运行，确保满足静电防护管理体系要求的技术指标要求，实现 EPA 内静电防护效果持续有效的重要手段。监视和测量应当引起足够重视，监视和测量出现问题容易对 ESDS 电子产品造成潜在静电放电危害，因此应进一步加强 EPA 内静电防护设备设施监视测量工作，有条件的单位后续应逐步采用在线监测等技术手段改进监视测量工作有效实施。

案例 74　静电防护监视测量项目依据的标准错误

问题描述

在审查某组织 EPA 的防静电设施周期检测报告时，发现其未按照 Q/QJA 120—2013 中的测试方法进行检测，且检测机构不具备资质。

问题分析

该组织防静电设施的周期检测未选择有资质的检测机构，未按照体系所依据的标准进行检测，且管理人员也没有对检测报告进行确认。

选择不具备资质的检测机构开展的检测工作，除了不具备法律效力以外，更主要的是检测时可能使用错误的方法得出错误的结论，无法及时发现防静电设施存在的问题，从而增加 ESD 损伤风险。

不符合相关标准

Q/QJA 119—2013：5.4.7 EPA 内防静电器材及监视和测量要求“每半年或每年进行的监视与测量项目应由具有相应资质并授权的第三方检测机构实施。

GB/T 32304—2015：5.7.3 每年进行的监视和测量项目应由具有相应检测能力和资质的第三方检测机构实施。

应采取的措施

寻找有资质的静电防护产品检测机构，按照 Q/QJA 120—2013 中的测试方法对防静电设施进行周期检测。

注：鉴于防静电设施的测试方法及使用的测试仪器设备不同，对测试结果有一定影响，所以要求检测机构要按照规定的测试方法标准进行检测。“有资质的静电防护产品检测机构”一般是指该检测机构的 CNAS 能力认可范围涵盖体系中的检测方法标准（如 Q/QJA 120—2013），并要求检测机构

按照标准方法对相应的静电防护产品进行检测，依据标准技术指标来判定防静电设施的性能是否合格，出具CNAS认可有效的检测报告。管理部门在获得检测报告后，应查看依据标准是否正确以及是否存在不合格项，对检测报告进行确认后归档。

案例 75　新建 EPA 未进行防静电验收检测

问题描述

某房间为新增 EPA，配置有若干防静电工作台，半年前就已经投入使用，但没有该公司的检测人员的检测确认记录，也没有有资质的检测机构出具的检测合格报告。

问题分析

该 EPA 管理员对新增防静电工作台仅采信了厂家的出厂合格报告，未严格按照体系要求进行防静电工作台的产品性能验收。

如果使用未经技术指标有效确认合格的防静电产品，将有可能使防静电产品直接或者间接接触的 ESDS 电子产品产生静电放电损伤。

不符合相关标准

Q/QJA 119—2013：5.4.6 所有与静电防护要求相关的设施、设备、防静电材料、服装、用品、用具及包装等，均应按专用技术文件的要求检测，验收合格后方可能投入使用。测试方法按 Q/QJA 120—2013 执行。

GB/T 32304—2015：5.7.3 初次选择或新换批次的防静电器材应由具有相应检测能力和资质的第三方检测机构进行产品认证检测。

应采取的措施

立即停止该 EPA 内防静电工作台的使用，待请有资质的检测机构按照标准方法对 EPA 检测并确认合格后投入使用。

注：新安装的防静电工作台在投入使用前应按照标准规定的检测方法进行检测。未经过检测，也没有确认是否符合使用条件，在其表面电阻、对地电阻阻值、接地状态和接地方式等各项指标难以保证满足静电防护要求前不可在 EPA 内使用。对于新建 EPA 内的全部防静电设备设施必须通过有资质

的检测机构检测合格后方可投入使用。组织必须对设备设施进行验收，或要求生产厂家在交付前送有资质的检测机构进行检测。检测结果以有资质的检测机构出具的报告为准（见图 15－1）；若 EPA 静电防护产品的生产厂家未送检到有资质的检测机构，则需要组织自行确认生产厂家提供的静电防护设备设施的防静电性能指标是否符合标准要求，可以由组织内有资质的监视测量人员对静电防护设备设施进行初检，当确认其符合体系要求后，可将相应的 EPA 规划为临时使用的 EPA。

第 1 页共 3 页　page 1 of 3

北京东方计量测试研究所
Beijing Orient Institute of Measurement & Test

校准证书
Certificate of Calibration

证书编号：[redacted]
Certificate No.

客户 Client	[redacted]		
地址 Address	北京		
被校设备 Calibrated EUT	静电衰变仪		
制造商 Manufacturer	Trek		
型号/规格 Type	158A	编号 S/N	[redacted]

校准日期：2021 年 01 月 04 日
Calibration Date: Year Month Day

校准人：[redacted]
Operator:

审核人：[redacted]
Checked by:

批准人：[redacted]
Approved by:

本证书仅对被校设备已校准的项目、范围有效，不得部分复制。对被校设备未校准的项目、范围的使用后果，本实验室不负责任。除非另有说明，本证书报告的测量不确定度为包含因子 $k=2$ 的扩展不确定度。

This certificate applies only to the measured items and ranges of the tested devices, and should not be partially duplicated. This institution is not responsible for items and ranges unmeasured. The uncertainty reported in this certificate is expanded uncertainty with a coverage factor $k=2$.

实验室地址(Address)：北京市海淀区知春路 82 号　No. 82, Zhichun Road, Haidian District, Beijing
电话(Tel)：010-62562982　传真(Fax)：010-68378342
通讯地址(PostBox)：北京市海淀区知春路 82 号　No. 82, Zhichun Road, Haidian District, Beijing
邮编(Post Code)：100086　电子信箱(Email)：service@cast514.com
网址(Web Site)：www.cast514.com

图 15－1　静电防护设备的第三方校准报告示例

案例 76　防静电腕带插孔插拔力不符合标准要求

问题描述

某 EPA 内一些防静电工作台上配置的腕带插孔无法正常插拔。

问题分析

监视测量人员工作不细致，日常监测时以为该工位为闲置工位，所以只测量了插孔接地电阻值，未检查插孔是否能够正常插拔。

一般来说，要求插拔力不小于 1.5 N，在无法定量测量时，应使用腕带的香蕉插头对插孔、插座的适配性做出判断。当腕带香蕉插头由于使用时间过长插不紧或插孔的孔座有松动时，腕带会有接触不良或松脱的问题，导致操作人员无法通过腕带实现有效接地。

不符合相关标准

Q/QJA 120—2013：4.4.2 b）防静电腕带接地插接头（夹）插入接地点插孔后，或夹住接地点后，其最小拔出力应大于 1.5 N。

GB/T 32304—2015：5.7.3 表 3　腕带插头与插孔的拔出力大于 1.5 N。

应采取的措施

立即更换防静电工作台的腕带插孔，经检测合格后方可投入使用。

注：腕带插孔在每日使用前应查看其外观和接地状态是否良好，并按标准要求定期检查其接地阻值是否符合要求。未对损坏的或接地阻值测量不合格的腕带插孔粘贴禁用标识，可能会造成误用。检测腕带插孔时要关注两个特性，其一是否可靠接地，接地阻值是否满足标准要求；其二是插拔力，腕带插孔需要有一定的阻力，以不会松脱为评判标准。在使用前，操作人员要自行检查其外观，观察是否有损坏、脱落、腕带插头折断的情况（见图 15－2），若有不能正常使用的情况发生时，应及时报修。腕带插孔双孔完好，没

有脱落、损坏等现象，接地良好，才可正常使用（见图 15－3）。在监视测量周期或半年周期检测时，要有接地阻值和插拔操作是否正常的记录。当接地阻值超出标准要求时，检查接地线是否断线、虚接或未接的情况，当无法进行正常插拔时，及时修复或更换。

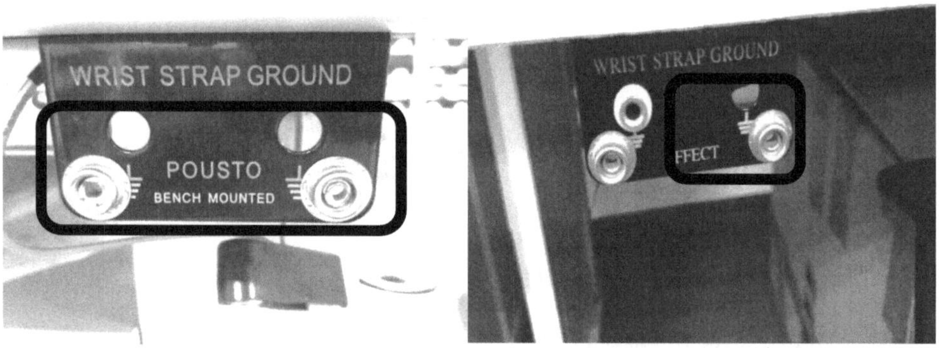

图 15－2　损坏的腕带插孔示例

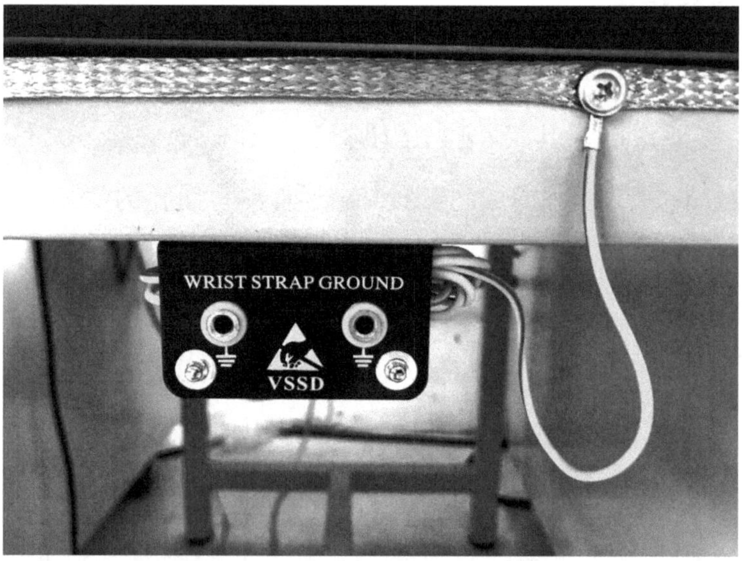

图 15－3　安装完好的腕带插孔示例

案例 77　EPA 温湿度计计量超期

问题描述

某部门 EPA 内的温湿度计校准有效期超期。

问题分析

该部门未严格按照公司关于防静电器材的监视和测量的相关条款规定执行，导致温湿度计漏检，可能出现因 EPA 温湿度限值超差导致 ESDS 电子产品发生静电放电损伤的概率升高。

不符合相关标准

Q/QJA 119—2013：5.4.6 所有与静电防护要求相关的设施、设备、防静电材料、服装、用品、用具及包装等，均应按专用技术文件的要求检测，验收合格后方可能投入使用。在使用过程中应按专用技术文件的要求进行周期检测，并在有效期内使用。

GB/T 32304—2015：5.3.3.2 所有与静电防护要求相关的用品、设备和设施等，均应按专用技术文件的要求检测，验收合格后方可投入使用。在使用过程中应按专用技术文件的要求进行周期性检测，并在有效期内使用。

应采取的措施

组织应全面梳理监视测量项目，形成监视测量项目台账，包括防静电工作台、防静电椅、防静电货架、人体静电综合测试仪、腕带检测仪、腕带连续监测仪、温湿度计以及防静电检测工具等，并实时更新，确保不出现漏检问题。

注： 各类仪器设备在使用前应确认其状态是否良好，检查校准或检测标签是否齐全且在有效期内。如果出现超期或未检测项，应及时送检，在不能保证其性能正常的情况下应禁止使用。

案例 78 EPA 管理检查表缺少温湿度记录

问题描述

2016 年 12 月 21 日在某检验中心 B0512 产品验收间，现场有作业人员操作，但 EPA 管理检查表中没有当天作业环境的温湿度记录。

问题分析

检验中心 B0512 的 ESDS 电子产品处置人员未能充分认识到各类静电项目的监视与测量工作对 ESDS 电子产品产生的静电防护作用；EPA 管理员没有及时进行日常检查，也没有有效开展温湿度监测，会导致由于环境温湿度超标影响到静电敏感操作中的静电防护效果，甚至造成静电损伤。

不符合相关标准

Q/QJA 120—2013：表 1 EPA 温度、相对湿度没有条件实现连续记录的，可每日定时记录。

GB/T 32304—2015：5.3.7.4 应做好温湿度记录，可采用手动记录或自动在线记录的方式，每天记录应不少于两次。

应采取的措施

严格要求 EPA 按照体系文件要求开展环境温湿度监测并留存记录；同时，ESDS 电子产品处置人员在进行操作时也应对环境温湿度条件进行确认，确保操作环境满足防静电相关要求。

注： 温湿度对静电防护效果影响很大，低湿度环境下更容易产生静电积累，只有将温湿度控制在合理范围内才能最大限度确保静电防护效果。与此同时，为有效确保环境温湿度监测效果，可以采用温湿度实时在线监测系统，及时记录并存储温湿度数据，必要时也可以在现场放置温湿度、空气洁净度等环境条件参数的集中展示看板，以便现场 ESDS 电子产品处置人员及时有效获取环境条件信息。

案例 79　未按标准要求开展静电防护设备周检

问题描述

某 EPA 内离子风机未按标准要求的周期开展周期性检测，最近的一次检测记录为两年前。

问题分析

EPA 管理员未严格遵守防静电设备的监视和测量相关条款规定，导致该离子风机未按标准要求的一年一次的周期进行检测并在有效期内使用。

由于防静电设备的性能可能会随使用时间和环境影响逐步衰退，不按照周期开展监视测量活动就可能无法及时发现超差等问题。如果使用失效的离子风机处置 ESDS 电子产品，将达不到静电防护目的。

不符合相关标准

Q/QJA 119—2013：5.4.6 所有与静电防护要求相关的设施、设备、防静电材料、服装、用品、用具及包装等，均应按专用技术文件的要求检测，验收合格后方能可投入使用。在使用过程中应按专用技术文件的要求进行周期检测，并在有效期内使用。

GB/T 32304—2015：5.3.3.2 所有与静电防护要求相关的用品、设备和设施等，均应按专用技术文件的要求检测，验收合格后方可投入使用。在使用过程中应按专用技术文件的要求进行周期性检测，并在有效期内使用。

应采取的措施

全面梳理监视测量项目，形成监视测量项目台账，包括防静电工作台、防静电椅、防静电货架、人体静电综合测试仪、腕带检测仪、腕带连续监测仪、离子风机、温湿度计以及防静电工具等，并实时更新，确保不出现漏检问题。在使用前确认仪器设备状态是否良好，检查校准或检测标签是否齐全且在有效期内。如果出现超期或未检测项，及时送检，在不能保证其性能正常的情况下暂停使用。

注：不同的检测方法标准约定的防静电设施检测周期略有不同，一般来说至少应满足一年一次周期检测，必要时应增加检测频次，缩短时间间隔。

第16章　审　核

审核是航天电子产品静电防护管理体系运行管理中开展“内部体检”式自查自纠的重要方式。关于审核的不符合问题主要表现为：内审人员未独立于被审核活动、未按周期开展内部审核、内部审核未全部覆盖体系要求和相关部门等。各单位在制定审核计划时应保证审核的独立性，确保审核员队伍满足体系建设要求，及时选派人员取证并予以授权；开展内部审核时，应根据审核计划制定检查表，确保覆盖全部审核要素，内部审核开具的不符合项应及时跟踪验证，留存相关记录，确保相关问题整改闭环。

案例 80　静电防护管理体系内审人员不具备内审员资格

问题描述

某公司年度静电防护管理体系内审报告中，参与内审的王某某无内审员资格证，也不能提供相关的内审员培训记录。

问题分析

体系主管人员错误地认为公司只要有一个人取得内审员证就可以带领其他相关人员开展内审工作，因此没有为王某某报名参加内审员培训班。

未经过培训的内审员缺乏审核技能和常识，如果让其独立开展内部审核，会出现应该发现的问题没发现，提出的问题不具备代表性或主观性强，提出的问题无法完成整改等情况。

不符合相关标准

Q/QJA 118—2013：5.8.2 审核应由经过培训和具备资格的人员来执行。

GB/T 32304—2015：5.8.2 审核应由经过培训和具备资格的人员来执行。

应采取的措施

组织核查梳理所有需要参加内审的人员，全部报名参加内审员培训班，考核合格持证上岗。

注： 组织应根据自身内审员数量、证书有效期、工作安排等提前策划报名参加，确保符合静电防护管理体系内审所需的内审员数量要求。

案例 81　静电防护管理体系内审人员未独立于被审核的活动

问题描述

某公司 2021 年度静电防护管理体系内审计划中，属于质管部的内审员李某参与了质管部的审核活动。

问题分析

李某作为公司静电防护管理体系主管人员，同时也是质管部的内审员，没有意识到审核员应独立于被审核的活动，因此在制定公司内审计划时将自己也安排到了质管部的审核计划中。

审核员不独立于所在部门就无法保证审核时的公正性，而且对于日常工作中经常接触的管理材料，本部门的审核员往往由于习惯性思维导致无法发现其中的问题，造成“灯下黑”的局面。

不符合相关标准

Q/QJA 118—2013：5.8.2 审核应由经过培训和具备资格的人员来执行。审核人员应独立于被审核的活动。

GB/T 32304—2015：5.8.2 审核应由经过培训和具备资格的人员来执行。审核人员应独立于被审核的活动。

应采取的措施

在制定内部审核计划时，要确保内审员独立于自己所在的部门，保证审核的独立性原则。

注：组织应确保自身的审核员队伍建设满足体系发展要求，审核时要充分考虑独立性原则，根据内审实际情况合理分组。

案例 82　未按审核周期开展静电防护管理体系内部审核

问题描述

某公司静电防护管理体系内审报告的时间，距离上一次内审时间超过 16 个月。

问题分析

该公司静电防护管理体系主管人员以为只要在外部审核之前完成静电防护管理体系内审即可。经过查实，该公司内部审核控制程序中也未按照体系标准要求对开展内部审核的时机进行规定。

内部审核是组织开展自查自纠的重要手段，也是验证体系运行持续符合的工具，不按照周期开展内部审核，无法及时发现体系运行管理层面存在的风险和隐患，会导致体系运行失效，增加产品发生静电损伤的概率。

不符合相关标准

Q/QJA 118—2013：5.8.1 组织应定期进行内部审核，内部审核应涉及管理体系的全部要素。审核周期一般为一年。

GB/T 32304—2015：5.8.1 组织应定期进行内部审核，内部审核应涉及管理体系的全部要素。审核周期一般为 1a。

应采取的措施

修改公司内部的静电防护管理体系审核控制程序，确定每年 6 月份开展内部审核，审核周期不超过一年。

注： 内部审核周期一般为一年，一般来说要保证在每个自然年内开展，其开展的方式可以是集中式也可以是滚动式，只要保证自然年内完成全部要素所有部门的内部审核即可。

案例83　静电防护管理体系内部审核缺少要素

问题描述

某公司2023年度静电防护管理体系内审计划中缺少培训要素。

问题分析

公司在2023年度开展静电防护管理体系内审时，体系主管人员在编制审核计划时遗漏了培训要素。

制定内审计划时或者审核实施过程中遗漏有关标准要素是比较严重的问题，会造成内部审核不完整，有可能导致体系出现潜在性风险。

不符合相关标准

Q/QJA 118—2013：5.8.1 组织应定期进行内部审核，内部审核应涉及管理体系的全部要素。

GB/T 32304—2015：5.8.1 组织应定期进行内部审核，内部审核应涉及管理体系的全部要素。

应采取的措施

对静电防护管理体系主管人员进行培训教育，确保在后续内部审核中的审核计划和审核内容能够覆盖管理体系全要素。

注： 通过对内部审核要素和部门的梳理，可以逐步完善静电防护管理体系在组织内部的覆盖范围，每次内部审核之前要结合体系标准和管理手册梳理需要开展内部审核的部门及其所对应的管理要素，制定相应的审核计划和检查表，按照计划开展内部审核。

案例 84 静电防护管理体系内审员未授权未聘用

问题描述

某公司的质量管理部门无法提供内审员的聘用文件。

问题分析

该公司的体系主管以为只要内审员取得过外部培训合格证书就可以直接开展内部审核工作，没有意识到审核活动需要得到授权。

未经授权的审核员开展审核活动一般不具备效力，无法获得有效的内部审核发现。

不符合相关标准

Q/QJA 118—2013：5.8.2 审核应由经过培训和具备资格的人员来执行。

GB/T 32304—2015：5.8.2 审核应由经过培训和具备资格的人员来执行。

应采取的措施

对参与本年度内部审核的所有内审员补充聘任文件，后续将根据实际需要从公司内已经取得内审员资格的内审员中选择和聘用。

注： 组织应根据每次内部审核的实际情况，在组织内部已经取得资质的内部审核员中选取本次内部审核的审核员，并通过特定的形式进行授权。一般可采用通知、聘书等形式，确保参加内审的审核员得到行使职责的权力。

案例 85 静电防护管理体系内审不符合项缺少跟踪落实记录

问题描述

某厂质量管理部门提供的静电防护管理体系内审不符合项整改报告显示，所有不符合项整改只制订了纠正措施和实施计划，但未见跟踪验证记录。

问题分析

该厂在内部审核结束后立刻制定了纠正措施和实施计划，但是由于体系主管人员仅口头与责任人进行了确认，未对不符合项的整改情况进行跟踪验证。

如果不开展内部审核发现不符合项整改情况的跟踪验证，无法判断受审核部门的不符合项是否进行了准确的原因分析、是否进行了整改、整改的措施是否有效。如果不符合项的整改出现了错误，会导致内审发现的问题得不到根本解决。

不符合相关标准

Q/QJA 118—2013：5.8.3 对发现的不符合应采取纠正措施，并跟踪落实。

GB/T 32304—2015：5.8.3 对发现的不符合应采取纠正措施，并跟踪落实。

应采取的措施

修订不符合项纠正预防措施表，完善主管部门对整改结果的跟踪验证要求，确保后续内审整改跟踪验证活动能够有效开展。

注： 体系主管人员应按照静电防护管理体系标准以及体系文件规定，要求受审核部门提供内审不符合项的整改材料，并由内审组对整改材料的内容进行核查，必要时应到现场进行确认，最后由体系主管部门组织完成内审不符合项整改确认。跟踪验证后要保留跟踪验证记录，确保问题整改闭环。

第 17 章　管理评审

管理评审是航天电子产品静电防护管理体系运行管理中，由组织最高管理层（最高管理者）决策体系运行更加适宜性、充分性、有效性提升的重要方式。关于管理评审的不符合问题主要表现为：管理评审报告不独立、管理评审内容不完全、管理评审提出的改进问题未闭环、管理评审未严格按照周期开展等。为提高工作效率，各单位可按照评审周期要求，将航天电子产品静电防护管理体系的管理评审与质量管理体系等其他体系的管理评审合并进行，但各单位应独立编制航天电子产品静电防护管理体系管理评审报告。管理评审时，应对体系改进的需求进行评价，针对管理评审会议提出的改进问题应跟踪落实，并留存工作记录。

案例 86　静电防护管理体系的管理评审报告不独立

问题描述

某公司未能提供 2020 年度静电防护管理体系管理评审报告，而是将静电防护管理体系管理评审内容写在了质量管理体系管理评审报告中。

问题分析

体系管理人员仅在召开质量管理体系管理评审时，将静电防护管理体系运行报告作为输入，没有独立编写静电防护管理体系管理评审报告。

静电防护管理体系管理评审报告不独立，不能确保引起全员对静电防护管理体系的重视，对体系健康发展不利。

不符合相关标准

Q/QJA 118—2013：5.9.1 最高管理者应按策划的时间间隔和程序评审静电防护管理体系，以确保其持续的适宜性、充分性和有效性。评审应包括评价静电防护管理体系改进的需求，包括静电防护方针和静电防护目标表格变更的需求。管理评审的周期一般为 12 个月。可与质量管理体系等其他体系的管理评审合并进行，但应有独立的管理评审报告。

GB/T 32304—2015：5.9.1 最高管理者应在规定的周期内按程序评审静电防护管理体系，以确保其持续的适宜性、充分性和有效性。评审应包括评价静电防护管理体系改进的需求，包括静电防护方针和静电防护目标表格变更的需求。管理评审的周期一般为 1a。可与质量管理体系等其他体系的管理评审合并进行，但应有独立的管理评审报告。

应采取的措施

重新根据体系运行情况，独立编制静电防护管理体系管理评审报告。

注：一般来说，为了提高管理效率，静电防护管理体系可以与质量管理体系等其他管理评审会共同召开，但是会议中应该单独对静电防护工作进行评审并留存独立的管理评审报告。

案例 87　静电防护管理体系管理评审结果的闭环记录不完善

问题描述

某公司 2020 年度静电防护管理体系的管理评审报告相关记录中，未见管理评审决议中“进一步优化防静电工作区划分”的闭环记录。

问题分析

2021 年度根据公司发展需求，已经对现有元器件检测的防静电区域进行扩大，并纳入 2021 年度静电防护管理体系的扩项申请，但是没有对管理评审决议的闭环情况进行总结，缺少闭环记录。

不符合相关标准

Q/QJA 118—2013：5.9.3 组织应保持管理评审的记录。

GB/T 32304—2015：5.9.3 组织应保持管理评审的记录。

应采取的措施

后续按照静电防护管理体系标准要求，及时对管理评审决议的闭环情况进行总结并形成记录。

注： 组织应在管理评审决议中给出工作计划和最后期限，并约定好整改闭环的成果方式，确保管理评审决议有效落实并有据可循。

案例 88　未对持续改进机会和静电防护管理体系变更的需求进行评审

问题描述

某公司 2019 年度静电防护管理体系管理评审报告中，没有对持续改进机会和静电防护管理体系变更的需求进行评审。

问题分析

体系管理人员对体系标准以及质量手册执行不到位，在管理评审时遗漏了持续改进的机会和变更的需求评审内容。

管理评审的一个重要目的就是发现体系改进的机会和变更的需求，如果不开展改进和变更的评审，无法保障静电防护管理体系的持续自我完善和自我改进。

不符合相关标准

Q/QJA 118—2013：5.9.1 最高管理者应按策划的时间间隔和程序评审静电防护管理体系，以确保其持续的适宜性、充分性和有效性。评审应包括评价静电防护管理体系改进的需求，包括静电防护方针和静电防护目标表格变更的需求。管理评审的周期一般为 12 个月。可与质量管理体系等其他体系的管理评审合并进行，但应有独立的管理评审报告。

GB/T 32304－2015：5.9.1 最高管理者应在规定的周期内按程序评审静电防护管理体系，以确保其持续的适宜性、充分性和有效性。评审应包括评价静电防护管理体系改进的需求，包括静电防护方针和静电防护目标表格变更的需求。管理评审的周期一般为 1a。可与质量管理体系等其他体系的管理评审合并进行，但应有独立的管理评审报告。

应采取的措施

补充对持续改进的机会和体系变更的需求进行评审，必要时形成相关工作决议。

注：通过管理评审，适时调整管理方针、管理目标、机构设置等内容，可以确保体系持续改进和持续有效。通过对体系运行报告、内外部审核问题的整改闭环等内容进行评审，可以有效地发现对体系持续改进有重要帮助的改进机会。

案例 89　未按审核周期开展静电防护管理体系管理评审

问题描述

质量管理部门提供的静电防护管理体系的管理评审材料，距离上一次管理评审时间已经超过一年半。

问题分析

体系主管人员没有认真学习体系标准，管理能力也有待加强，未能协调管理评审的时间，导致错过了年初开展管理评审的时机。

不按期开展管理评审就无法使最高管理者及时了解到体系运行的问题和改进的机会，无法做出有利于体系推进和发展的决策。

不符合相关标准

Q/QJA 118—2013：5.9.1 管理评审的周期一般为 12 个月。

GB/T 32304—2015：5.9.1 管理评审的周期一般为 1a。

应采取的措施

对体系主管人员开展培训，重点学习标准中关于管理评审要素的相关要求。在单位体系文件中完善管理评审工作程序，确保后续按照体系标准要求按时开展管理评审。

注：组织最高管理者应确保体系运行的适宜性、有效性和持续改进，这都需要通过定期开展管理评审来完成。组织应制定管理评审相关的工作程序，在程序文件中规定管理评审开展的时机以及具体流程。

第 18 章　改　进

改进是航天电子产品静电防护管理体系运行管理中，切实通过及时的纠正措施、预防措施以及管理评审等方式，进一步有效控制静电放电风险，并逐步推动静电防护体系化管理水平跃升的关键抓手。关于改进的不符合问题主要表现为：体系建设单位采取的纠正措施并没有防止不符合项的再次发生，没有形成静电防护管理体系适宜性、充分性和有效性的持续改进效果。对于不符合问题，组织应认真分析，从静电防护管理体系的 12 个要素角度“追本溯源”，确保所采取的纠正及预防措施的准确性和有效性。同时，应特别注意，对于不符合问题的举一反三，一般应由体系主管部门牵头，面向静电防护管理体系所涉及的所有部门开展，采取切实有效的措施来最大程度地防止不符合项的再次发生。

案例 90　日常静电检查问题未有效整改闭环

问题描述

某组织质量管理部门提供的季度质量大检查（包括静电防护）记录中，缺少检查发现的静电防护问题的整改闭环记录。

问题分析

静电防护管理体系主管人员针对日常检查中发现的问题，仅口头与责任部门进行了沟通，没有要求责任部门按照静电防护管理体系要求提供整改见证材料，也没有对问题整改情况进行闭环跟踪。

主管部门发现了静电防护管理方面的问题却没有跟踪验证，会影响静电防护管理体系管理的有效性，后续如果再出现类似或者其他问题，责任部门也可以口头应付而不是真正地进行有效整改，导致静电放电事件发生的概率会大幅上升。

不符合相关标准

Q/QJA 118—2013：5.10.1 组织应利用静电防护方针、静电防护目标、审核结果、数据分析、纠正措施和预防措施以及管理评审，持续改进静电防护管理体系的有效性。

GB/T 32304—2015：5.10.1 组织应利用静电防护方针、静电防护目标、审核结果、数据分析、纠正措施和预防措施以及管理评审，持续改进静电防护管理体系的有效性。

应采取的措施

修改季度质量大检查记录表，增加整改验证环节，确保问题整改闭环。

注： 对于日常检查中发现的问题，一般可以采用立查立改方式，现场见证整改的效果，如果不能现场整改的，应该要提供整改计划并由相关部门进行跟踪验证。必要时，可以将相关要求写入程序文件，规范工作流程。

案例 91　静电防护不符合项的原因分析笼统模糊

问题描述

某研究所 2019 年静电防护管理体系外审的不符合项报告中，所有不符合项的原因分析均包含“对标准理解不到位”“意识不到位”“培训不到位”等模糊说辞。

问题分析

静电防护管理体系各级主管人员在做原因分析时，未能结合不符合项条款进行针对性的原因分析，为了方便就使用了模糊笼统的描述，导致原因分析不到位、不准确、不彻底。

对于不符合项原因的分析直接影响到不符合项整改的方向和效果，如果在做原因分析时不认真不彻底，分析出来的原因不准确，那么针对不符合项所采取的纠正或预防措施就会不完善，以至于后续同样的问题会再次发生。

不符合相关标准

Q/QJA 118—2013：5.10.2 组织应采取纠正措施，以消除不符合的原因，防止不符合的再发生。

GB/T 32304—2015：5.10.2 组织应采取纠正措施，以消除不符合的原因，防止不符合的再发生。

应采取的措施

重新对不符合项进行原因分析，结合不符合条款有针对性地分解不符合项，剖析不符合项产生的真正原因（包括但不限于静电防护管理、技术等方面）。

注：在开展不符合项原因分析的时候，应结合不符合条款进行客观分析，而不是一味地归结到“对标准理解不足”“责任心不强”“学习不到位”等主观原因上；要从静电防护管理体系的12个要素出发，对照发现的问题和标准要求，从管理或者技术层面切实找出发生不符合项的真正原因并采取有效的纠正及预防措施。

案例92　静电防护不符合项整改不到位导致问题重复出现

问题描述

上一年度在某组织的条件保障部门发现的防静电设施周期检测问题，本年度重复出现。

问题分析

该组织的条件保障部门负责防静电设施周期检测工作的人员，在去年发生不符合项后，立即与检测服务提供方沟通，发现该机构不具备Q/QJA 120—2013检测能力，但是并没有及时更换服务提供方，而是仅在口头上要求其申请CNAS相关标准能力，也未在本年度周检时进行确认，导致依旧选择了不具备检测能力和资质的检测机构。

采用不具备资质能力的检测机构开展防静电检测工作，其结果不仅不会被体系认证机构认可，更重要的是测试结果的真实性和有效性都存疑，可能无法及时发现防静电设施老化、故障现象，会严重影响静电防护管理体系运行效果。

不符合相关标准

Q/QJA 118—2013：5.10.2 组织应采取纠正措施，以消除不符合的原因，防止不符合的再发生。

GB/T 32304—2015：5.10.2 组织应采取纠正措施，以消除不符合的原因，防止不符合的再发生。

应采取的措施

组织应对不符合项重复出现的部门进行静电防护管理体系目标的考核处理，并在全组织内开展举一反三工作，确保同一部门的同一不符合项能够切实整改到位。

注：对不符合项的整改，应明确分析出问题发生的原因，针对原因开展纠正，并采取有效的跟踪验证，确保问题不会重复出现。

案例 93　静电防护不符合项整改中未有效落实举一反三要求

问题描述

某研究所 2022 年静电防护管理体系审核的整改报告中，没有所级的不符合项举一反三内容。

问题分析

静电防护管理体系主管人员只要求各部门对各自发生的不符合项进行整改和部门内的举一反三，但未牵头开展覆盖全所各相关部门的举一反三工作，可能在其他存在同样问题的部门没有及时进行整改，也会导致后续同类问题在不同部门重复发生。

如果不符合项问题不进行全所级别的举一反三，会导致同样的问题今年在 A 部门发生，明年又可能在 B 部门发生，不满足静电防护管理体系的持续改进要求。

不符合相关标准

Q/QJA 118—2013：5.10.3 组织应采取预防措施，以消除潜在不符合的原因，防止不符合的发生。

GB/T 32304—2015：5.10.3 组织应采取预防措施，以消除潜在不符合的原因，防止不符合的发生。

应采取的措施

由静电防护管理体系主管部门牵头，针对所有不符合项开展全所范围内的举一反三工作，确保对所有同类问题能够进行有效整改，最大限度上避免同类问题在其他部门再次发生。

注：举一反三的目的是确保同类问题在组织内不再重复发生，因此举一反三既要在问题发生的部门进行，也要在组织全体部门之间进行。一般应由体系主管部门牵头开展。

第 19 章　未来展望

静电防护作为航天电子产品生产制造过程质量提升的关键共性技术之一，正在以系统化、体系化的“技术＋管理”运行方式深度融入科研生产全流程，它将始终立足航天静电专业的核心技术创新，持续在航天精益质量管理、装备质量管理体系融合、星级现场建设评价、智能化管控升级、电子元器件防静电能力提升等方面发挥出更多重要作用。

19.1　静电防护支撑航天精益质量管理深入推进

党的十九大报告明确提出质量强国、航天强国的国家战略。党的二十大报告指出，要加快建设制造强国、质量强国、航天强国、交通强国、网络强国、数字中国。2023 年 2 月，为统筹推进质量强国建设，全面提高我国质量总体水平，党中央、国务院发布了《质量强国建设纲要》，提出要创新质量管理理念、方法、工具，推动全员、全要素、全过程、全数据的新型质量管理体系应用，要求强化新一代信息技术应用和企业质量保证能力建设，构建数字化、智能化质量管控模式，全面提升质量管理水平。高质量发展已经成为全面建设社会主义现代化国家的首要任务。

为坚决贯彻落实党的十九大、二十大精神以及质量强国、航天强国建设的一系列战略部署，国务院国资委制定了《关于中央企业开展质量提升行动的实施意见》，中央军委装备发展部联合国家国防科技工业局于 2020 年联合发布了《构建新时代装备建设质量管理体系的意见》，提出了新时代装备质量管理体系建设的工作要求。

航天工程系统的特点决定了航天质量工作的复杂性和艰巨性。中国航天科技集团有限公司作为我国航天科技工业的主导力量，始终坚决贯彻落实国家有关质量强国、航天强国建设的部署要求，以“质量是政治、质量是生命、质量是效益”的质量理念和“严慎细实”的工作准则，以体系化抓质量持续深化航天质量工作，促进质量能力提升。以《质量强国建设纲要》为指引，中国航天科技集团有限公司发布《“质量强企”行动计划——助推航天强国、质量强国建设的质量发展路线图》，提出了质量管理从“精细”到“精益”再到“卓越”的转型发展路线图，制定了《新时期航天质量管理体系——航天精益质量管理体系（ALQMS）建设方案》，组织实施并持续推进航天精益质量管理体系建设和航天卓越标准体系建设，形成《航天精益质量管理体系手册》，持续优化质量工作，圆满完成了载人航天、探月探火、北斗导航等一系列重大工程任务，为建设质量强国和航天强国做出了重要贡献。

事实上，实现航天质量从精细到精益再到卓越的转型发展之路是一个循序渐进的过程。当前，航天质量管理正处于从精细到精益的转型关键期。新时代航天精益质量管理体系的总体设计始于航天质量系统工程管理的建设与应用。航天质量系统工程管理是钱学森航天系统工程管理的重要组成部分，以工程系统成功和组织成功为目标，运用航天系统工程的思想方法，面向工程、面向组织、面向过程开展质量管控、能力建设和持续改进等质量管理工作。

新时期航天质量系统工程管理的有效推进需要基于系统工程的航天精益质量管理体系建设。航天精益质量管理体系以实现集团公司质量管理从精细到精益转变为根本出发点，运用精益管理、流程再造、系统工程、一体化管理、数据驱动等理念、方法和技术，形成的架构科学、流程受控、协同高效、持续改进的新时期航天质量管理模式。

航天精益质量管理体系是具有鲜明中国航天特色的质量管理方法，明确了包括“战略层、组织层、项目层、产品层、数据层”五层的航天精益质量管理体系总体架构，组织层、项目层、产品层落实并支撑战略层要求，数据层承接并支撑战略层、组织层、项目层、产品层的需求，五层协同运行，实现了“全员、全要素、全过程、全数据”的质量管理以及“横向”“纵向”的协调协同，确保航天产品全寿命周期质量满足要求。

静电防护作为航天产品质量与可靠性管控的重要因素之一，是全面进行航天精益质量管理体系建设的重要一环。2015 年，中国航天科技集团有限公司依托中国空间技术研究院所属的北京东方计量测试研究所设立集团公司静电防护技术中心，开始面向航天静电放电敏感产品的产业链上下游单位开展航天电子产品静电防护管理体系建设与认证工作。近年来，各相关单位通过运用体系化静电防护方法，围绕航天电子产品的采购、加工、组装、装联、包装、标识、维修、失效分析、测试、检验、环境试验、贮存、分发和运输等关键科研生产环节，建立起了覆盖“人、机、料、法、环”等航天电子产品质量形成关键要素的系统化静电防护能力，构建形成了不间断的航天电子产品静电防护链条，有力支撑了航天电子产品质量与可靠性的稳步提升。

这种体系化静电防护方法作为夯实高质量保证成功的一项重要质量基础能力，在新时期航天精益质量管理体系构建过程中也将不断发展，在支撑航天质量系统工程管理的实践创新中不断总结提炼：为迎接新时期航天精益质量工作的新挑战，需要不断进行静电防护工作方法和手段创新，丰富和发展体系化静电防护方法的新内涵，打造航天静电防护管理新能力；当前，数字化、信息化正驱动着经济社会发展，数字化与航天精益质量管理体系的深度融合也将赋能质量能力提升与航天强国建设，在大力发展数字航天过程中，通过加强静电防护等科研生产环境关键参数的数字化管理，实现生产制造过程的实时监测与风险预警，从“事后预防”逐步走向“事中监测”“事前预测”，在数字化技术与型号产品研制生产全流程中深度融合的过程中更好支撑产品质量提升；体系化静电防护方法将与装备质量管理体系进行深度融合，在更好助力航天装备产品保证基础上，可在国防科技工业更多装备领域进行广泛推广和应用，为进一步支撑提升精益质量管理、助推高端装备高质量发展发挥出更大的作用。

19.2　静电防护与装备质量管理体系深度融合发展

自 20 世纪 90 年代初质量管理体系的理念和方法引入中国以来，在国家和军队相关部门的强力推动下，各军工企业都在持续加大对装备质量管理的重视程度和资源投入，按照 GJB 9001C 标准、AS9100 标准或其他同等标准建立并运行了较为完备的质量管理体系，有效规范了企业的质量管理工作，对武器装备质量发挥了重要保证作用。

随着我国质量管理理念、方法和技术的不断进步，国防科技工业和武器装备建设正迈入高质量发展的新时代。GJB 9001C 标准明确要求各类型组织应面向产品的全寿命周期，运用过程方法将质量管理体系要素融入组织的产品实现全过程。而且，正在修订中的《武器装备质量管理条例》进一步明确了构建新时代装备建设质量管理体系的有关要求。

在装备制造过程中，通常业务活动涵盖了产品全寿命周期和产品实现的全过程，即预研阶段、顾客需求分析与确认、产品设计和开发、工艺设计要求、采购和外包、生产制造、交付、试验、维修、运输等。静电防护管理体系作为装备质量管理体系的细化和延伸，围绕质量管理体系过程运行环境、生产和服务提供的控制、防护等要素对静电防护要求进行展开，进一步规范静电防护管理制度，更专注于 ESD 控制技术应用，形成更加适用于装备质量管理体系化的静电防护管理方式。

航天电子产品静电防护管理体系可以独立于组织其他管理体系运行，一直致力于辅助装备质量管理体系对静电相关管理制度的落实，针对装备质量管理流程中可能发生的问题，实施静电防护全员、全方位、全过程的运行控制；结合装备质量管理体系的实施路径，从分析宗旨、战略、目标、业务过程开始，通过构建管理体系模型、梳理管理体系过程、确定体系的内容、编制管理体系文件到持续改进管理体系运行效果，借鉴质量管理体系运用 PDCA 运行模式的手段和方法，对设计、开发、研制、装配、试验、检测、包装、转运、存储等过程中的静电控制强化管理并持续改进，推动静电管理水平不断上升。

近年来，企业的生产力不断提高，研制产品的新种类层出不穷，加之对员工、环境、信息化、管理水平等各方面的评估越来越严格，多个管理体系独立且并行运作可能并不利于其经营发展，整合管理体系已经成为一种发展趋势。静电防护管理体系要求在核心思想、标准要素等内容上与装备质量管理体系有很强的关联性，贯穿质量管理体系 7 项基本管理原则，覆盖 12 项管理要素，其体系的运行模式、管理文件的架构基本相同，这样就为融合管理体系提供了技术上的可能性，而越来越多的组织致力于更广泛地应用信息化手段，更使得一体化管理成为可能。

一般来说，管理体系的融合针对多个管理体系同时运行过程中存在的核心问题，将各部门职能进行重新调整，优化管理流程，完善标准制度，提升管理体系的运行效率。静电防护管理体系与装备质量管理体系进行融合运行，主要在于静电防护特有的“技术+管理”方法，能够有效弥补装备质量管理体系在生产现场对静电放电控制环节可能存在的短板，能够有效降低装备质量管理体系在执行中可能存在的静电放电风险，在降低装备因不合格、损毁、返工、报废等产生的生产成本的同时，能够更加有效协同其他关键参数来提高产品质量保证能力。质量管理体系与静电防护管理体系的差异与协同见表 19-1。

表 19-1　质量管理体系与静电防护管理体系的差异与协同（以航天产品为例）

类型	质量管理体系认证(QMS)	静电防护管理体系认证(ESD)
认证背景	• 保证产品及服务(装备)承制能力 • 组织围绕实现预期目标，确定过程和所需资源，对过程和资源实施管理 • 帮助最高管理者合理利用资源，针对预期和非预期的结果采取相应措施 • 最终产品和服务出现任何问题时，可以在管理和过程中找到定性或可定量的原因 • 目标是顾客满意，核心是过程方法 • 采用措施应对过程变化，利用 PDCA 循环达到持续改进 • 预防的理念	• 避免航天产品研制过程静电损伤 • 组织围绕产品制造识别并确认所需防护的 ESDS 电子产品、区域、过程和人员，规定相应的管理措施 • 帮助相关人员在整星、分系统、单机、部组件等 ESDS 器件的设计、研制、生产、使用、试验、储存、维修等全过程中的防护 • 电子产品 90%以上的静电损伤为隐形损伤，无法通过检测手段发现，利用管理手段降低发生静电损伤风险 • 目标是避免航天产品研制过程中的静电损伤，影响航天器在轨运行质量与安全
认证模式	• 认证对象：关注质量的组织(主体) • 认证类型：体系认证 • 认证模块(单元)：预期目标、过程和资源、价值和结果 • 认证要素：组织环境、领导作用(领导作用和承诺、方针)、策划、支持(资源、能力、意识、沟通、成文信息、质量信息)、运行(产品全过程要求和不合格控制)、绩效评价(监视测量以及内审、管理评审)、改进	• 认证对象：航天 ESDS 电子产品制造过程(环境) • 认证类型：体系认证 • 认证模块(单元)：静电防护工作区(EPA) • 认证要素：组织、文件、策划、人员培训、防静电工作区(EPA)、包装、标识、采购和外包、监视和测量、改进、审核、管理评审
实施规则及支持文件	• 依据标准：GJB 9001C—2017《质量管理体系要求》及相关管理要求	• 依据标准：GB/T 32304—2015《航天电子产品静电防护要求》、Q/QJA 118-120—2013《航天电子产品静电防护管理体系系列标准》

续表

<table>
<tr><th>类型</th><th>质量管理体系认证(QMS)</th><th>静电防护管理体系认证(ESD)</th></tr>
<tr><td rowspan="6">关系与建议</td><td>一、范围
具有稳定提供满足顾客要求及适用法律法规要求的产品和服务的能力且通过改进可以增强顾客满意。
注:质量管理体系关注顾客满意,也就是产品持续符合顾客要求的能力,注重于组织生产能力和运用、管理生产资源的能力的评价</td><td>一、范围
静电管理体系中的管理要素要求规定,以及 ESDS 电子产品全过程中的管理评价。
注:静电防护管理体系关注 ESDS 电子产品在制造过程中是否会受到静电损伤,更注重于组织对于静电防护区域和生产环节的现场管理水平以及设施的配置评价</td></tr>
<tr><td colspan="2">质量管理体系《质量手册》适用范围应覆盖静电防护管理体系的内容。
1. 根据 ESDS 电子产品的敏感度(敏感电压等级)和制造过程所涉及的程序环节,在手册中增加适用于处置敏感电压(哪个等级的产品)的(哪个过程)的科研生产活动。
2. 增加体系按照什么标准建立、实施,根据哪些静电防护标准制定管理要求。
3. 增加适用于第三方检测机构、认证机构对静电防护管理体系所依据的标准、指标要求确认,并对外包单位(外协单位、供应商等)提出体系中相应的管理要求。</td></tr>
<tr><td>二、规范性引用文件
涉及术语、方法、软件、通用质量特性标准和管理标准几个方面。
注:标准中引用了 23 个国家军用标准,包括通用质量特性标准、计算机软件、技术状态管理、风险管理、关重特性(件)控制等装备质量管理要求的相关标准,在程序文件中引用时需要根据组织所承担装备的任务、产品和服务特点、承制性质、规模、复杂程度、保障条件和人员技术能力的状况来实施</td><td>二、规范性引用文件
涉及技术、测试、配置等要求标准。
注:与静电防护区管理、硬件配置以及对设施进行测试的方法等 7 项相关标准,标准主要围绕静电防护区的具体实施、涉及操作人员的管理</td></tr>
<tr><td colspan="2">在质量管理体系《质量手册》中增加所参照的静电防护管理体系标准。</td></tr>
<tr><td>三、术语和定义
有关产品、服务、关键过程、管理、六性等 16 个术语的简要说明。</td><td>三、术语和定义
静电技术相关术语。</td></tr>
<tr><td colspan="2">静电相关术语可以在《质量手册》中增加,也可以在《静电防护管理程序》文件中单独列出。</td></tr>
</table>

续表

类型	质量管理体系认证(QMS)	静电防护管理体系认证(ESD)
关系与建议	四、组织环境	四、静电防护一般要求
	4.1 理解组织及其环境 4.2 理解相关方的需求和期望 4.3 确定质量管理体系的范围	—
	4.4 质量管理体系及其过程(识别过程并编制程序文件) 涵盖各过程的控制要点,根据过程管理要求编制程序文件。根据过程识别涉及人员和部门,以及过程输入、活动、过程输出、过程风险及应对措施。过程的管理规范即为质量管理体系程序文件: 《质量管理体系策划和变更程序》 《方针和目标制定与管理程序》 《顾客满意与监视测量控制程序》 《内部审核管理程序》 《质量经济型分析与管理程序》 《管理评审控制程序》 《过程的监视和测量控制程序》 《风险管理控制程序》 《纠正措施和持续改进控制程序》 《与产品有关的要求控制程序》 《产品运行策划和控制程序》 《技术状态管理程序》 《产品设计和开发控制程序》 《新产品试制控制程序》 《采购控制程序》 《外包控制程序》 《生产控制程序》 《产品的监视和测量控制程序》 《产品试验控制程序》 《不合格品控制程序》 《产品交付和交付后活动控制程序》 《人力资源管理程序》 《基础设施管理程序》 《仪器设备管理程序》 《过程运行环境控制程序》 《监视和测量设备控制程序》 《知识控制程序》 《文件控制程序》 《质量记录控制程序》	静电管理体系标准中所涉及的过程包括4.1组织、5.1策划、5.2培训、5.3防静电工作区、5.6采购和外包、5.7监视和测量、4.2文件、5.4包装、5.5标识、5.8审核、5.9管理评审、5.10改进,可涵盖使用的程序文件: 《方针和目标制定与管理程序》 《内部审核管理程序》 《管理评审控制程序》 《纠正措施和持续改进控制程序》 《产品设计和开发控制程序》 《采购控制程序》 《外包控制程序》 《产品的监视和测量控制程序》 《产品试验控制程序》 《人力资源管理程序》 《仪器设备管理程序》 《过程运行环境控制程序》 《监视和测量设备控制程序》 《文件控制程序》 《质量记录控制程序》 《静电防护管理程序》

续表

<table>
<tr><th>类型</th><th>质量管理体系认证(QMS)</th><th>静电防护管理体系认证(ESD)</th></tr>
<tr><td rowspan="4">关系与建议</td><td>《质量信息管理控制程序》
《静电防护管理程序》</td><td></td></tr>
<tr><td colspan="2">静电管理体系与质量管理体系中相重合的过程,可共用其过程管理文件,在相应的程序文件中增加对静电防护的要求。例如《人力资源管理程序》中,应增加对静电防护管理体系培训的要求,包括培训的相关人员的识别、培训内容、频次、效果评价、上岗要求等,并在三层次文件中做出相应记录。三层次文件及各种记录表格可共用,如果有特殊要求时,可以独立设计使用。</td></tr>
<tr><td>五、领导作用
5.1 领导作用与承诺
5.2 方针
5.3 组织的岗位、职责和权限</td><td>五、静电防护详细要求
5.1.1 静电防护目标和方针
5.1.2 识别产品和防护要求以及人员,确定EPA 及岗位职责和权限</td></tr>
<tr><td colspan="2">增加静电防护程序,程序文件内容包括目的、适用范围(与《手册》中增加范围相同)、术语和定义、人员(最高管理者、防护负责人、各部门、EPA 管理员、设计人员、处置人员)职责、产品制造流程图、方针和目标、识别、人员培训、防静电工作区要求、包装、标识、采购与外包、监视测量、审核(与《质量手册》相一致)、管理评审(与《质量手册》相一致)、改进(与《质量手册》相一致)。</td></tr>
</table>

19.3 静电防护与星级现场建设评价互促推进

2013 年，中国质量协会发布了 GB/T 29590《企业现场管理准则》，规定了企业现场管理的基本要求，明确了企业现场管理“一心”“二效”“三节”的核心理念，并通过全国现场管理星级评价活动不断推进要求的落实。航天企业针对自身特点，以航天生产现场为对象，持续提出适用于航天现场管理的星级评价方法。如：中国航天科技集团有限公司制定了现场管理的评价标准，并纳入集团公司“质量提升工程”组织推进，“以评促建”已成为开展生产现场管理改进的通用理念和有效抓手；中国航天科工集团有限公司颁布 Q/QJB 153《6S 管理评分细则》，明确 6S 管理工作的目标和内容，规范 6S 管理工作的具体内容及评分要求，全面提高各单位的 6S 管理水平。

近年来，随着航天生产任务的快速增长，航天生产现场生产过程中发生的人为误操作、文件使用混乱、不合格品混入、静电引入等低层次问题，对航天产品的生产质量造成不同程度的影响，为航天产品带来了新时期的质量隐患。因此，能够有效识别航天产品生产质量风险，提前开展分析和预防，减少航天产品生产质量问题的发生，是提高航天产品质量的有效措施之一。

航天生产现场管理星级评价指标体系，按照航天生产现场管理实际来构建，并遵循以下评价指标体系的构建原则：1）结合航天精细化质量管理要求，突出过程管控指标；2）围绕航天生产任务实际特点，突出特殊要求指标；3）突出对航天生产现场的各生产要素（包括人、机、料、法、环、测等）的计划、组织、协调、控制和改进。

其中，在航天生产管理星级评价指标体系中，静电防控要素已然成为现场管理中的重要组成部分。静电防控在航天星级现场评价中的基本要求有以下几方面。

（1）工艺设计

针对静电敏感元器件和电子产品的生产准备、测试、装联、运输、储存等生产过程进行防静电生产工艺设计，包括防护、接地、放电、环境控制等技术要求和设施系统建设。

（2）操作规范性

1）生产人员按照防静电要求在防静电工作台上进行操作，佩戴防静电腕带，穿戴好防静电鞋、防静电服、防静电帽等防静电用品，有洁净度要求的环境下佩戴防静电手套或指套。

2）防静电工作区没有塑料水杯、食品包装袋和个人用品等与工作无关的绝缘物品。

（3）防静电工作区设置与设施设备配置、使用、维护

建立防静电管理规定，划分设置防静电工作区。防静电工作区内相关设施设备、防静电用品配置满足相关要求，并按要求的周期进行检测或实时检测，有记录，标识清晰、在有效期内使用。防静电设施设备、防静电腕带、防静电鞋、防静电服等防静电用品按规定进行日常状态监测和使用管理；贮

存 ESDS 器件库房满足规定并进行周期性检测，配备防静电用品和防静电专用工具。

(4) 静电敏感电子产品包装、运输和存储

与静电敏感电子产品直接接触的包装材料符合规定并具有静电防护标识。静电敏感电子产品运输时装入全封闭的防静电容器或防静电屏蔽袋内。静电敏感电子产品按规定存储于专用防静电存储柜或库房内。

在星级现场建设过程中，可将静电防护管理体系化要求与工艺过程、质量管理、人员和设备管理、特殊过程控制（如电装）、作业环境控制、过程测量与控制、安全管理等在设计、建设、运维等环节充分技术协同，将 ESDS 电子产品静电防护涉及的人员、工序、区域的全链条要素与星级现场更好融合。而且，结合星级现场建设，通过信息化、智能化静电防控手段，不但在静电防控过程中，还可以在 6S 和目视化管理、现场作业环境、过程测量与监控、过程异常处理等要素中起到更加积极的作用。

在现场具体实施过程中，可依托强大的数字化手段，如采用“智能 EPA”理念，建立基于航天系统工程方法的生产现场静电管控系统，全方位提高现场质量的系统化管理能力；此外，现场可增加大量的信息数字化看板，将现场各设备（包括静电监测及防护设备）实时状态或数值直接映射，看板中展示的为现场工艺布局、人员情况、工作进展阶段、工作计划完成率等情况，方便有效定位各类静电设备，一旦静电设备监测到静电电压、电阻等参数状态出现异常，既能在设备端进行声光报警，又能方便地在看板中进行声光报警，大幅提升现场的静电防护管理效率。

19.4 防静电工作区的数字化、网络化、智能化管控升级

在“工业 4.0”“中国制造 2025”“制造强国”等背景下，智能制造已成为现代化工业发展大趋势，近年来我国相继出台了数字产业相关政策。

2015 年，国务院印发的《中国制造 2025》明确指出：加快推动新一代信

息技术与制造技术融合发展，把智能制造作为两化（工业化和信息化）深度融合的主攻方向；着力发展智能装备和智能产品，推进生产过程智能化，培育新型生产方式，全面提升企业研发、生产、管理和服务的智能化水平。

2021 年 12 月，工信部等八部门印发的《“十四五”智能制造发展规划》提出：“十四五”及未来相当长一段时期，推进智能制造，要立足制造本质，紧扣智能特征，以工艺、装备为核心，以数据为基础，依托制造单元、车间、工厂、供应链等载体，构建虚实融合、知识驱动、动态优化、安全高效、绿色低碳的智能制造系统，推动制造业实现数字化转型、网络化协同、智能化变革。

2021 年 12 月，工业和信息化部办公厅印发的《制造业质量管理数字化实施指南（试行）》指出：要引导制造业企业深化新一代信息技术与质量管理融合，以数字化赋能企业全员全过程全方位质量管理，提升产业链供应链质量协同水平。

2022 年 1 月，国家市场监督管理总局、科技部、工业和信息化部、国资委、知识产权局《关于加强国家现代先进测量体系建设的指导意见》提到，要引导企业建立产品研制、生产、试验、使用过程动态测量数据信息库，开展测量数据分析研究，改进企业生产控制流程，提高产品控制精度和质量，完善产品全寿命周期数据管理。

2023 年 2 月，中共中央、国务院印发的《数字中国建设整体布局规划》明确指出：建设数字中国是数字时代推进中国式现代化的重要引擎，是构筑国家竞争新优势的有力支撑。

2023 年 2 月，工业和信息化部等七部门联合印发的《智能检测装备产业发展行动计划（2023—2025 年）》指出：要打造适应智能制造发展的智能检测装备产业体系，支撑制造强国、质量强国、数字中国建设。

2023 年 12 月，工业和信息化部等三部门联合印发的《制造业卓越质量工程实施意见》提出：促进生产制造数字化，加快工业互联网发展，通过系统集成实现设备远程监控和预测性维护；推动企业开展全流程质量在线监测、诊断与优化，深化传感器、机器视觉、自动化控制、先进测量仪器等技术应用，依据过程质量指标设置智能预警管控，持续提升生产过程质量控制水平，减少人为偏差。

2024 年 7 月，党的二十届三中全会通过《中共中央关于进一步全面深化改革 推进中国式现代化的决定》，指出“因地制宜发展新质生产力……加强关键共性技术创新……支持企业用数智技术、绿色技术改造提升传统产业”“促进实体经济和数字经济深度融合……加快推进新型工业化，培育壮大先进制造业集群，推动制造业高端化、智能化、绿色化发展”，静电作为高端装备制造领域的关键共性技术之一，静电智能化检测与防护技术在实体经济和数字经济深度融合中将发挥更多支撑性作用。

因此，在国家产业升级和数字化转型政策背景下，着力提升产品在生产、检测、使用全流程的质量可靠性及安全性是未来工业发展的重中之重，这也对静电防护技术及产品应用提出了更高要求。

目前，在各个生产制造行业中，EPA 静电状态管控措施主要依赖于基础性防静电用品与人员管理相结合的方式来进行。该方式能够在一定程度上实现对静电事故的控制，但过于被动的防护手段也导致了防护实时效果难以判定、防护效果退化难以监测、异常状态难以预知、失效趋势无法测评等问题存在。而且，传统的单机离散式的静电检测无法实现装置制造全流程、智能化、数字化质量控制。静电防护作为涉及现代化生产制造中产品设计、研制、生产、使用、试验、储存、维修等全过程的关键环节，“智能 EPA”技术已然成为工业生产制造能力提升的关键共性技术需求之一。

“智能 EPA”的核心是基于物联网技术，整合目前的静电监测及防护设备，利用软件平台构建数字化的防护管控系统（见图 19－1），其设计理念在于实现 EPA 内静电数据实时监测、静电状态管理互联感知，发挥信息化、系统化管控的全局性、及时性、精确性优势，在静电防护工作中形成“监视-测量-

反馈-报警-识别-记录-分析”全链条的自主运行能力，全方位提升静电“可知、可视、可控”水平。在技术实施层面，实现产线、工艺环境接地电阻、静电电位、静电放电电磁信号等静电参量的自主监测；“多接口兼容”的通信网络构建数据与指令上传下达的通道；管控平台作为系统的“大脑”进行信息的记录、判断、处理，并做出警示、记录、分析、决策和控制等。

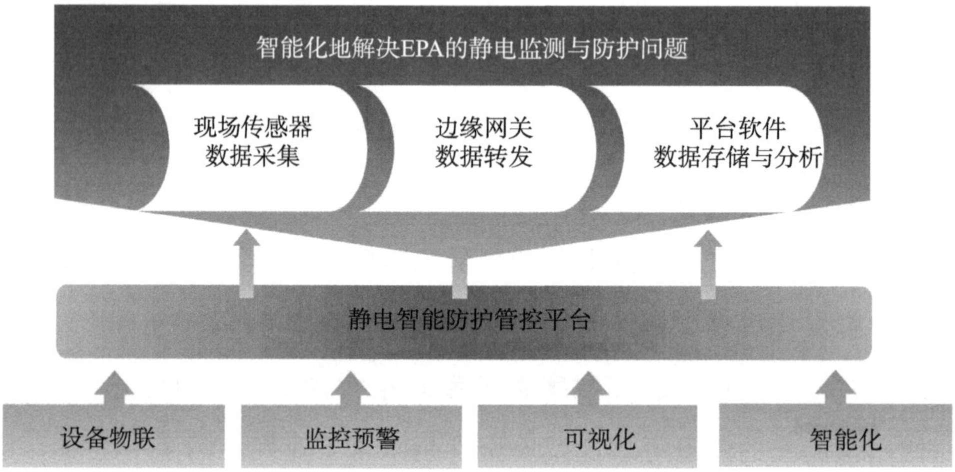

图 19-1　静电防护智能管控系统功能示意图

“智能 EPA”针对现场管理过程可以分为：1）出入管理子系统，通过人体静电综合测试仪联动门禁系统，实现人员的进入检测管理以及人员检测记录管理；2）现场监测子系统，通过电场监测仪监测工作台表面静电压，程控离子风机或离子棒，消除环境中的静电，通过腕带连续监测仪实时监测人员腕带的佩戴情况，以及工作台的接地情况；3）环境监测子系统，通过温湿度传感器、尘埃粒子计数器等实现环境的温湿度、空气洁净度等参数监测，实现科研生产环境参数的分析管理；4）静电防护监控指挥中心，基于现场静电数据形成静电防护监控指挥中心看板，如图 19-2 所示，实现静电监控设备在线管理、告警原因分布、区域态势管理、事件分布、环境质量趋势、静电设施失效预测以及异常预警管理等。同时，“智能 EPA”进行模块化设计，可根据各类应用场景的具体需求进行定制化系统集成。

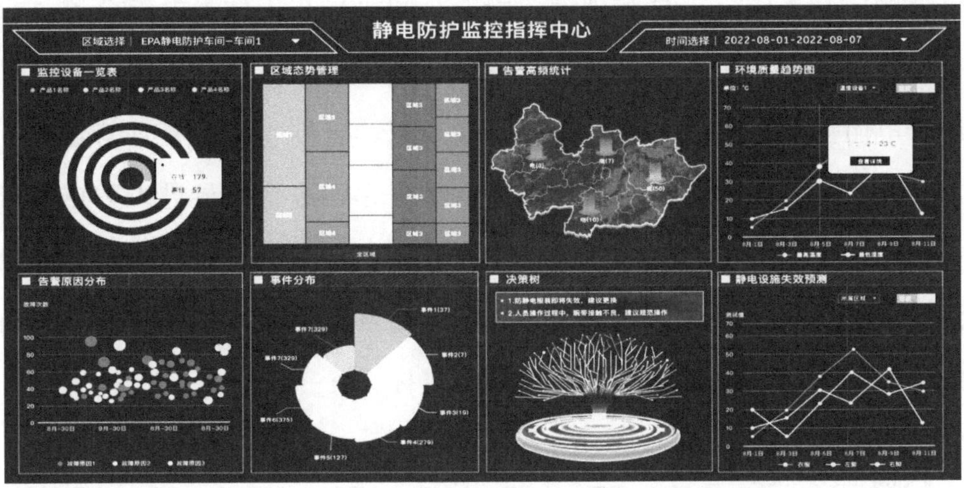

图 19－2　静电防护监控指挥中心看板示例

针对 EPA 环境参数监测需求，可对如下场景进行设计应用。

（1）静电设施管理

对 EPA 静电设施与环境条件（包括防静电设施、地线接地电阻、空气洁净度、温湿度等），建立静电设施管理模块，主要负责防静电设备的台账管理、周检管理以及每个防静电区域的可视化展现，如图 19－3 所示。

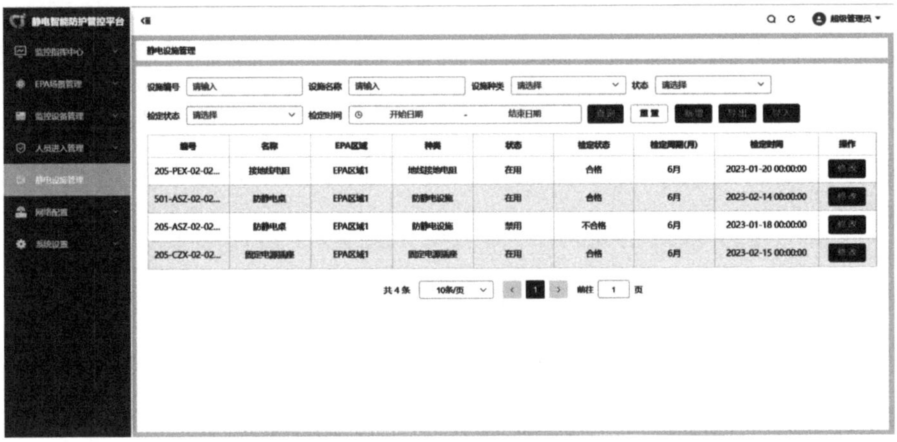

图 19－3　静电设施管理

（2）入口静电检测管控

主要实现“人员防静电装束合格性判定＋身份识别＋入场信息统计”。通过入口处的门禁系统（人员基础库、刷卡、闸机）与人体静电综合测试仪联动实时采集测试数据，设备管控侧实时进行计算和处理，当员工刷卡成功且通过人体综合电阻测试后，才可放行进入工作区域，否则立即报警且禁止进入工作区域，同时每位员工的检测数据存入后台数据库，进行人员进入数据的统计与分析，如图 19－4 所示。其中，人员防静电着装检测内容包括人员防静电服的静电泄漏电阻检测、人员防静电鞋的静电泄漏电阻检测等，达到“人员防护有效方能进场，入场即有记录”的现场管控目标。

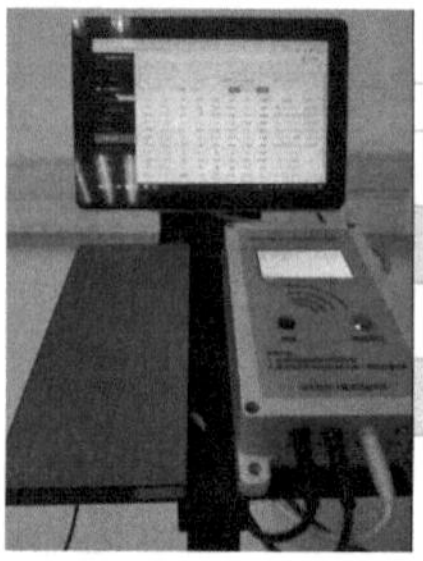

姓名	防静电服	左脚	右脚	是否通过	测试时间	所属区域	设备
胡子俊	63.2MΩ	82.0MΩ	49.8MΩ	通过	2023-04-03 17:09:10	EPA区域1	人体综合测试仪 humanbody205-1
胡子俊	53.3MΩ	80.8MΩ	50.8MΩ	通过	2023-04-03 17:07:51	EPA区域1	人体综合测试仪 humanbody205-1
测试1	*43.8MΩ*	*91.6MΩ*	*43.3MΩ*	未通过	2023-03-21 16:26:10	EPA区域2	人体综合测试仪 humanbody205-1
测试1	*9.5MΩ*	*77.9MΩ*	*49.1MΩ*	未通过	2023-03-21 16:19:53	EPA区域2	人体综合测试仪 humanbody205-1

图 19－4　入口静电检测管控

（3）重点设备/设施的接地监测管控

对重点工艺设备/设施的接地状态进行实时监测，具体方法为监测其对地电阻值，可进行本地直接判断或上传系统。当阻值高于限值时，即说明该设备/设施接地出现断路、失效等异常问题，系统将第一时间（小于 100 ms）给出监控点位位置、阻值实时数值的警示提示，并作为异常事件进行记录。

（4）重点工序点位的静电电位与静电放电事件监测管控

采用 MEMS 非接触式静电电场（电位）探测等技术，对 EPA 产线重点工艺操作位置的静电电位进行实时监测。采用静电放电事件监测仪，实时监测静电放电事件的强度和次数，根据静电放电特征波形识别静电放电事件。同时，也可配合静电消电设备实现实时自动应急消电的智能反馈——实时监测周围区域的静电压，设置告警值，达到告警后程控离子风机开启，进行消电，静电压降低到告警值后停止离子风机。静电电位与静电放电事件的告警记录将被上传到控制平台，通过告警数据进行区域的态势管理，及时发现问题，为管理决策提供支撑。

（5）工位端的静电监测管控

为确保现场操作人员佩戴腕带及其接地效果的有效性，在工位端利用防静电腕带连续监测仪监测手腕带的使用状况，通过实时、连续地监测人员的接地情况，可实现系统提示报警，保证操作人员在工作过程中腕带佩戴持续有效，使人员在工位进行操作时产生的静电进行及时泄放。通过防静电腕带连续监测仪小型化，可将其配装在频繁出现人员操作的点位，人员腕带接入监测仪实现实时状态管控。

（6）现场空气洁净度监测

对空气洁净度控制有相对严格要求的现场空间，可以安装部署在线尘埃粒子计数器（探头），进行空气洁净度参数的远程、多点、实时监测，它能够实时并且动态监测各测量点的空气洁净度等级以及风速、压差等，具有控制、报警、数据备份、查询等功能。采用分散式多点采集，多个测量区域在主机和从机同时显示、查询、打印各点的测量数据，数据通过 TCP/IP 或 RS485 输出接口上传到计算机进行数据集中处理，可连续 7×24 h 操作，具有状态指示器和设备监视系统接口。

（7）现场环境温湿度监测

在现场安装温湿度传感器，实时监测环境中的温度和湿度，一旦温度或相对湿度超标，进行报警提示，同时该报警记录传入后台（也可以联动空调系统进行温湿度的实时调整），进行整体性的环境温湿度态势管理。

（8）基于自主导航机器人进行人员穿戴异常及绝缘物监测

EPA 中绝缘物随意放置、防静电服穿戴不正确等人为的潜在危险，将导致静电防护安全风险高和静电设备损坏快等问题。针对装配生产线 EPA 绝缘物及防静电服穿戴异常情况的高效、智能、精确识别需求，以提高装配生产环境下静电防护异常情况监测的智能化、精细化、自主化程度为目标，可以利用自主导航机器人进行 EPA 现场巡查，采用基于路径聚合网络（PANet）的数字化特征融合技术，构建基于视频识别的绝缘物监测与人员异常状态监测系统。

静电在线检测与防护作为制造业生产环境质量管理的重要一环，“智能EPA”管控系统可以实现对作业现场环境、人员、设备设施的全天候、全覆盖、实时在线的数字化、网络化、智能化静电管控，实现数字化记录存储，可与其他生产管理系统、MES系统驳接，实现生产制造过程中关键监测数据共享，十分契合未来生产现场的一体化管理模式。

19.5 航天电子产品静电参数监视和测量技术深化发展

静电防护管理中的一个重点环节就是监视和测量活动。静电参数的监视和测量技术参数涉及面很广，如电压、电阻、电荷量、衰减时间、屏蔽性能等。经过多年发展，大多数静电参数的测量原理与方法已经逐步成熟，而有些参数的测量方法还有待研究改进。而且，对同一参数进行测试，如果采用的测试方法不同，或测试方法相同但影响因素不同，都有可能导致测量结果不同。

静电计量测试是航天电子产品静电防护工作中不可缺少的重要组成部分。静电防护是一个系统工程，为了达到静电防护要求，一般在防静电工作区配置接地系统并配备各种防静电设施和用品。静电防护设施和用品的测试评价的准确性直接关乎人员、场所、型号安全，同时对航天战略可靠实施与国家安全有效保障也有着重要意义。因此，掌握静电起电放电的规律，了解生产、储运和技术保障过程中静电放电的情况，判断该过程中静电放电的危害性，确定静电防护场所，检验静电防护措施的效能以及分析静电放电损伤的原因，都必须进行静电计量测试。

此外，在航天电子产品科研中以及静电应用的工艺设计、试验、施工、生产等过程中，也需要对静电相关参数进行测试。应当指出，有些静电参数在理论上虽然可以进行直接计算，但由于试验条件往往比较复杂，单靠理论计算难以获得工程需要的满意结果，必须依赖于具体产品及所在特定应用场景中的静电测试。同样，考核航天电子产品的设计和制造质量，也需要对这些产品的静电放电敏感度或者静电抗扰度进行测试；航天电子产品对于静电放电的敏感程度，往往受到制造工艺的影响，仅靠电路设计控制是远远不够的，因此对航天电子产品静电放电敏感度的测试也是必不可少的。

传统的基于非带电/非放电情形下的静电参数（如电压、电阻、电容、电荷量、衰减时间、屏蔽性能、敏感度、抗扰度及感度等）测量存在较大的局限性，迫切需要研究传统静电计量测试技术的发展需求和趋势。

（1）静电电压计量技术发展趋势

1）异形静电非导体静电电位测试仪的校准技术。静电电位是表征静电带电体危害程度的最重要指标之一。静电非导体是主要的静电危险源，对于静电非导体，只能采取非接触式静电电位测试方式。然而，非接触式静电电位测量方法存在天然的原理性“缺陷”：对于可以等效为无限大平面的被测物，其测试准确性较高，而对于异形（方形、立方形、圆形、圆柱形、球形等典型的异形，不能等效为无限大平面）的被测物，其测试准确性难以保证，不准确性并非来源于测试仪器本身，而是由异形被测物产生电场的不规则性所导致。静电电位测试准确度不够高，容易造成静电危害评估的严重误判，导致航天电子产品不可预估的危害。因此，开展异形静电非导体静电电位标定方法研究，形成异形静电非导体静电电位的准确表征手段，弥补当前技术不足，为航天电子产品相关科研生产运输使用等过程中涉及的静电电位测量提供准确可靠的表征手段，准确评估静电危害程度和静电防护效果是非常必要的。

2）高准确度静电电压测试设备开发。市面已有一些静电电位动态测试仪，但其低量程（如 30 V）的测量精度远远不足。最新的静电防护国内外标准，如 IEC 61340－5－1：2016、ANSI/ESD S20.20－2021、GB/T 32304—2015 等，均规定了防静电工作区内孤立导体的静电电位不得超过 35 V，而且随着电子芯片静电放电敏感度越来越高（<HBM 100 V、<CDM 200 V），迫切需

要研制低量程、精度高、动态响应快、接触式测量的测试及相应计量设备。而对于摩擦起电电压测试设备，目前仅有纺织物材料的测试设备，对于其他非织物材料，还没有商品化的摩擦带电法测试设备，因此有必要开展静电电位的测试设备研制。

3）非接触式与摩擦起电的静电电压测试技术。国内外静电标准中多用非接触式静电电压表测试静电电压。非接触式测量常用于测量绝缘体或孤立导体表面的对地电压，测量结果受仪表输入电容、输入电阻的影响较小，但受测试距离、带电体几何尺寸的影响较大，测试数据一般只能提供参考或作为相对比较使用。而且，测试时将样品放在绝缘平板上进行，不能反映被测样品接地后的实际静电电压值。而对于摩擦起电电压测试设备，目前仅有织物材料的测试设备，其摩擦转速较高，局部范围内还会产生新的电场电压，探头探测到的电压不仅包含织物本身的摩擦起电电压，还包含电场感应电压，因此十分有必要开展非接触式与摩擦起电的静电电压测试方法研究。

（2）静电电阻计量技术发展需求与趋势

静电电阻是目前航天电子产品防静电工作区内最广泛应用于评价防静电设施和用品防静电性能的参数，静电电阻测试结果的准确性对于防静电用品和设施的静电防护有效性评价是非常重要的。

目前，认为可以通过测量材料的体电阻率、表面电阻率等来评价材料的静电泄放性能，但是很多材料在静电高压的强电场作用下，会由于出现材料极化等原因，电阻率随场强的变化而变化，呈现非线性的特征，因此，传统的在低压条件下（10 V、100 V）测定的电阻率很难科学表征材料在静电高压作用下的真实防静电性能。同时，研究测试环境条件对静电电阻的影响机理、影响规律也是十分必要的。另外，测试电极、测试时间、测试结果的处理等因素对电阻测试结果存在一定的影响，因此需要综合分析上述影响因素对静电电阻测试结果的影响程度，优化测试条件，尽可能得到更为准确的静电电阻测试结果。

(3) 静电电容计量技术发展需求与趋势

静电电容作为元器件的主要评价参数，目前常用交流测试方法对电容进行测试。通常所说的静电电容主要是指静电电容的直流特性，也就是采用直流测试法测试静电电容，采用电荷分配法或电荷衰减法进行测量。在电荷分配法测试过程中，由于静电电压非常高，其中涉及高压继电开关带来的影响，因此其计量测试需要更进一步的研究。而电荷衰减法除了高压继电开关的影响，同时容易引入被测电容绝缘电阻对测量值的影响，因此也需要进一步研究并比较不同实施方法与条件下的静电电容特性。

(4) 静电电量计量技术发展需求与趋势

1) 法拉第筒法静电电量测试技术。目前采用比较成熟的法拉第筒法测量静电电量，但是随着半导体技术的发展，半导体元器件尺寸越来越小，这给利用法拉第筒法测量该类产品的静电电荷量提出了新的挑战。所以，有必要研究法拉第筒法测试电荷量的测试仪器、测试方法和测试程序等，解决如何将被试品置于法拉第筒、夹具与被试品接触分离产生静电电荷量远低于被测试品实际带电电荷量等关键问题。

2) 低起电防静电材料的静电起电率测试技术。防静电材料的防静电性能一般采用静电泄漏电阻特性进行表征，但是随着前沿高端电子器件、可燃爆品等大量应用于“新质新域”武器装备，传统静电性能表征方法已难以保证静电防护的绝对有效性。

静电起电率是表征防静电材料特性的另一重要指标，是保证防静电材料有效性的关键，但是受限于测试难度，国内外一直缺乏有效的针对低起电材料的静电起电率测试方法。因此，开展低起电防静电材料的静电起电率测试技术研究，研究低起电率防静电材料起电机理、静电起电率测量原理与方法、测量不确定度分析，研建测试方法、测试装置和测试系统，实现低起电率防静电材料静电起电率关键参数的测试表征是非常必要的。

摩擦带电法虽然能够反映其真实的电荷衰减特性，但由于其测试方法的局限性，目前仅用于织物摩擦电压测试中，且测试方法本身对结果的误差也较大。摩擦带电法测试织物摩擦电压也存在弊端，摩擦起电电机的转速较高，在摩擦过程中会产生局部电场，使织物表面产生感应电压，可能会使摩擦电压比实际情况偏高，影响衰减时间的测试结果。对于其他非织物材料，还没有商品化的摩擦带电法测试设备，所以有必要开展高准确度的静电衰减时间测试技术研究，填补摩擦带电法测试衰减时间的空白。

（5）静电衰减时间计量技术发展需求与趋势

防静电材料大量应用于航天电子产品科研生产过程，静电衰减性能是评价防静电材料优劣的关键指标，主要使用测试仪器为静电衰减性能测试仪。目前基于充电法的静电衰减性能测试设备的分辨力多为 0.1 s，对衰减时间小于 0.1 s 的设备无法得到真实的衰减时间，所以有必要研制高分辨力的衰减时间测试设备，满足测试分辨力更精确的要求。

电晕喷电法对于导电性好的材料无法达到预定充电电压，在充电过程中同步发生衰减，因此无法利用电晕喷电法对导电材料开展这类研究。对于尺寸较大的防静电产品或材料，需研发静电起电装置，实现大尺寸结构材料静电均匀起电，避免带电不均匀，使其材料电位达到目标阈值，需通过试验选取合适电位测试点以及测量装置准确测量电位反馈材料电荷衰减性能。所以有必要开展相关测试技术研究，研制高分辨力、适用范围广、填补摩擦带电法测试衰减时间的空白。

（6）静电屏蔽性能计量技术发展需求与趋势

采用防静电包装是一种简单有效的静电防护方法，也是在防静电工作区外部转运中的必备防护措施，将静电敏感的元器件、电子组件置于防静电屏蔽包装袋中储藏、运输，既可以使静电电荷快速泄漏掉，又可以起到电磁屏蔽的作用，防止静电放电电磁脉冲产生能量耦合。防静电屏蔽包装袋测试仪是表征其可靠性和有效性的重要手段，静电屏蔽性能测试用于评估材料对静电场或静电放电产生的电磁脉冲的屏蔽能力。利用感应能量测试的方式能够准确测量并读取防静电屏蔽包装袋内的感应能量，并确定防静电屏蔽包装袋性能的优劣。感应能量法现已成为国际上普遍认可的屏蔽包装袋性能表征方法，然而，针对防静电屏蔽包装袋测试仪的校准技术与装置缺乏，使得屏蔽包装袋测试仪准确性难以保证，进而导致包装袋性能难以保证，给武器装备带来不可预知的隐患。

国际上常用的感应能量法测试材料的静电屏蔽性能仅适用于薄层状平面材料，对于其他非平面材料、厚度超过 1 cm 的材料，无法实现屏蔽性能的测试评价，而且，国内完全没有相应的检测仪样机或者产品，所以急需研究设计屏蔽性能测试设备，重点设计电容探头，使其适应大多数材料的防静电屏蔽性能测试，同时也需要进一步研究防静电屏蔽包装袋感应电能量测量方法、静电放电模拟器校准技术、能量采集测试模块校准技术和研制防静电屏蔽包装袋检测仪校准装置。

19.6　航天电子元器件抗静电设计及芯片静电防护技术提升

半导体产业是现代电子信息产业的核心与命脉，是支撑我国经济社会发展和保障国家安全的战略性、基础性和先导性产业。自 2010 年以来，工信部、科技部等部门陆续出台了半导体产业的一系列政策，2014 年国务院印发《国家集成电路产业发展推进纲要》（下文简称《纲要》）对半导体产业发展进行规划。《纲要》提出“到 2030 年集成电路产业链主要环节达到国际先进水平，一批企业进入国际第一梯队，实现跨越式发展”。集成电路、电子元器件的国产化已成为面向世界科技前沿、面向经济主战场、面向国家重大需求的必然要求。

为了摆脱高端电子装备受制于人的被动局面，国家对装备使用电子元器件国产化要求不断加强，并且随着物联网、大数据和人工智能驱动的不断深化发展，我国对半导体器件的需求也在日益增长，对器件的可靠性与性能指标的要求正在变得越发严格。半导体材料、工艺的不断优化升级，促使第三代半导体相关技术发展日新月异，国家对第三代半导体产业的发展也越发重视。

在 2021 年发布的《中华人民共和国国民经济和社会发展第十四个五年规划和 2035 年远景目标纲要》中，将第三代半导体材料作为强化国家的战略性科技力量，提出加强原创性科技攻关，集中优势资源攻关关键元器件零部件等关键领域核心技术，加快集成电路设计工具、重点装备和高纯靶材料等关键材料研发，集成电路先进工艺和绝缘栅双极晶体管（IGBT）、微机电系统（MEMS）等特色工艺突破，先进存储技术升级，碳化硅（SiC）、氮化镓（GaN）等宽禁带半导体发展。

目前，国产电子元器件的性能与国外有较大差距，设计与制造端的性能评估和改进需求不断提高。作为电子元器件的生产质量控制的一个重要环节，提高研制阶段的抗静电设计及使用过程中对应的静电防护系统设计水平是高端电子元器件产品质量提升的必然要求，更是有力支持“制造强国”“质量强国”发展战略的重要基础。

在航天电子元器件设计研发中，需要对 ESD 冲击和防护的有效性进行分析和预测评估，以便在电子元器件设计阶段进行电路优化调整；在电子元器件使用期间，也需要对其静电防护敏感等级进行充分识别，按照相关级别的管理手段，开展对应的 ESD 防护；在后期的电子设备、产品使用出现失效的问题时，也需要通过技术手段进行静电放电失效分析。

早在集成电路芯片进入亚微米制造工艺之前，ESD 就是影响集成电路质量与可靠性的一个重要因素。因为在集成电路的制造、封装、运输和使用过程中，很容易产生静电电荷的积累及相应的放电现象，所以，完整的 ESD 防护是一个结合设计与制造的系统工程。据统计显示，在整个集成电路芯片的制造使用环节中，37％的失效是由 ESD/EOS（过电应力）所引起的。随着集成电路制造工艺的不断发展，晶体管尺寸的不断减小，即使先进工艺普遍采用更低的工作电压，但 ESD 带来的冲击并不会因为工艺的进步或者工作电压的降低而相应减小。相反的，在同等的 ESD 冲击之下，采用更加先进、线宽更小工艺的芯片更容易发生 ESD 下的损坏。因此元器件的抗 ESD 设计评估测试，能够服务元器件性能改进与质量提升，在电子元器件广泛应用于航天、新能源、光伏、高铁等国产化程度日益提升的产品供应链上，对于提升国产元器件产品体系质量、保障产业链供应链安全，可以发挥有力支撑性作用。特别是，近年来航天型号用元器件品种、数量激增，质量要求不断提高，在航天元器件质量控制体系正逐步建立、完善的背景下，航天电子元器件的静电防护技术应用势在必行。

目前，随着航天电子产品质量与可靠性日益提高要求，现有航天电子元器件越来越静电敏感（如＜HBM 100 V）的情况下，当前静电防护措施已出现不能满足元器件生产实践的精准防护需求的情况。同时，在前沿航天电子元器件应用于航天型号任务时，还会经历更为复杂的空间环境效应作用，形成的航天器充电、电场效应问题，也会对元器件造成区别于地面环境的静电放电危害，甚至影响航天器的在轨可靠运行。因此，需要针对航天电子元器件的静电特性测试、防护技术及空间环境抗静电性能优化等方面持续开展工作。

1）按照标准深化开展航天电子元器件的敏感电压值识别。在航天电子元器件静电防护工作开展前，应按 GB/T 32304—2015 等相关标准中的管理条款，开展静电敏感电子元器件的敏感电压值识别工作，为电子元器件静电防护提供数据基础，明确静电控制目标。

电子元器件的敏感度等级一般可以通过静电放电敏感度测试获得。根据目前国内外半导体静电放电敏感度测试要求，应首先分析电子元器件所处环境特点，判断其生产、运输、使用等不同环节的易发静电放电形式，对应选取不同静电放电敏感度模型（HBM、CDM、TLP、闩锁），开展元器件静电放电敏感度测试，明确元器件静电放电敏感度等级。目前，中国空间技术研究院宇航物资保障事业部、北京东方计量测试研究所等单位，在电子元器件静电放电敏感度测试、敏感等级识别方面，具备开展多种静电放电标准模型（HBM、CDM、TLP、闩锁）测试的设备资源和获国家认可的检测能力。

另外，电子元器件的敏感度等级也可以依据产品手册，查询元器件生产制造厂商给出的敏感度数据等进行判断。如果产品手册中缺乏相关数据的，则说明相关电子元器件生产制造商缺少必要的数据，也应要求相关生产制造企业进行规范的静电放电敏感度测试，获得有效数据。对于某些元器件生产供应商未提供明确静电放电敏感度等级的，在航天产品应用前，应按照相应的管理要求进行敏感度测试与敏感等级识别。

开展航天电子元器件静电放电敏感度测试工作能够为电子元器件生产、运输、使用等环节的防护手段设计实施提供数据基础，进一步针对每个环节制定静电防护方案。同时，通过相关测试，能够摸清航天电子元器件的敏感特性，促使电子元器件生产制造商从芯片设计上优化电子元器件的静电防护性能。

2）完善航天电子元器件静电测试方法标准。随着电子元器件静电敏感电压的不断降低，电子元器件对静电放电越来越敏感，应补充电子元器件静电放电敏感度识别与分析管理流程要求及相关测试方法标准。

因此，在目前已有标准规范基础上，对新研制的电子元器件，将静电放电敏感度识别要求传达至电子元器件设计阶段，同步考虑其使用场景，进行专门要求并对设计阶段的防护效果进行评估，在电子元器件定型供应的阶段明确其静电放电敏感度，规范其静电防护措施，进行前端管理。对于使用的已产品化的电子元器件，应细化航天电子元器件静电放电敏感度识别的管理流程，在EPA 设计初期，具体提出所处置元器件敏感度的识别及记录要求，设计责任清晰的敏感度识别与分析流程，并参考识别结果设计和建造 EPA，提升 EPA 内静电防护手段的有效性。

因此，参考国内外电子元器件静电放电敏感度的测试方法，融合我国航天电子元器件使用环境特征，制定符合航天电子元器件应用场景下的航天电子元器件静电放电敏感度测试方法体系。此外，针对电子元器件敏感度评价以静电放电电压为单一因素判断的不足问题，需要研究新时期电子器件“静电放电电压”与“静电放电次数”的双维度静电放电敏感度测试方法等。

3）开展前沿电子元器件的抗静电、抗辐照、抗空间充放电等多物理场效应综合作用评估。除传统的航天电子元器件外，新型前沿电子元器件也呈现出日新月异的发展前景。近年来，第三代新型半导体器件以其优异的综合性能在军用、民用电子产品尤其是大功率设备中得到广泛应用，其在航天领域应用中具有更加显著的优势和巨大的应用前景。然而，尽管基于不断涌现的新技术、新工艺，第三代半导体器件虽然已经取得了长足的发展，但其可靠性问题一直是困扰其应用的主要问题，如静电损伤问题便是最主要的因素之一。近年来，针对典型第三代半导体 GaN 器件的静电敏感特性、外界静电场耦合作用等，北京东方计量测试研究所、北京卫星环境工程研究所等开展了系列课题研究，为航天器件抗静电性能优化和可靠性提升提供了新的方向。

此外，在空间环境中，通常会面临各种复杂、恶劣的辐射环境，工作在太空中的半导体器件也必将受到电子、中子、质子以及重离子等高能粒子、宇宙射线的轰击辐照，其电离效应、位移效应以及带电效应等会对电子器件造成可逆或不可逆的损伤，干扰器件正常工作，造成器件性能发生改变引发软故障甚至导致器件毁坏影响设备的正常运行。尽管理论研究表明了 GaN 等第三代半导体材料具有良好的抗辐照性，但目前的制备工艺导致 AlGaN/GaN 界面对外界影响十分敏感，如质子辐照将引发 GaN 晶格结构的变化。此外，由于 GaN 的压电属性，空间充放电效应将耦合作用于 GaN 器件，产生电应力作用，影响器件性能，对第三代半导体器件的抗辐照性能提出了不小的挑战。

国内外已在第三代半导体器件辐照特性方面开展研究，然而，目前的研究仍然存在一定的局限性。如从当前 GaN HEMT 的质子辐照效应研究现状来看，依然面临缺乏多物理场综合作用分析、非工作状态原位测试、机理解释争议、未排除辐照热效应等问题，极大限制了质子辐照和电场综合作用效应的准确判别以及抗静电等性能加固措施的有效制定。因此，开展面向空间实际应用的前沿电子器件空间辐照与多物理场综合效应研究，为航天元器件抗辐照加固以及抗静电能力提升提供指导，也是非常必要而迫切的。

中英文对照

6S——整理（Seiri）、整顿（Seiton）、清扫（Seiso）、清洁（Seiketsu）、素养（Shitsuke）、安全（Security）

AIT——Assembly，Integration and Test，总装集成测试

ALQMS——Aerospace Lean Quality Management System，航天精益质量管理体系

AVPLM——Aerospace Vehicle Product Life－cycle Management，航天器产品生命周期管理

CDM——Charged Device Model，带电器件模型

CNAS——China National Accreditation Service for Conformity Assessment，中国合格评定国家认可委员会

ESD——ElectroStatic Discharge，静电放电

EOS——Electrical Over Stress，过电应力

ESDS——ElectroStatic Discharge Sensitive，静电放电敏感（的）

EPA——Electrostatic dischargeProtected Area，防静电工作区

HBM——Human Body Model，人体模型

HIC——Hybrid Integrated Circuit，混合集成电路

IGBT——Insulate－Gate Bipolar Transistor，绝缘栅双极晶体管

MBSE——Model－Based Systems Engineering，基于模型的系统工程

MEMS——Micro－Electro－Mechanical System，微机电系统

MES——Manufacturing Execution System，制造执行系统

PANet——Path Aggregation Network，路径聚合网络

PDCA——P（Plan）为计划；D（Do）为实施；C（Check）为检查；A（Action）为改进

SMT——Surface Mounted Technology，表面贴装技术

TLP——Transmission Line Pulse，传输线脉冲

附录 A

中华人民共和国国家标准

GB/T 32304—2015

航天电子产品静电防护要求

Electrostatic discharge protection requirements for aerospace electronic products

2015-12-31 发布　　2016-07-01 实施

中华人民共和国国家质量监督检验检疫总局
中国国家标准化管理委员会
发布

前　言

本标准按照 GB/T 1.1—2009 给出的规则起草。本标准由中国航天科技集团公司提出。

本标准由全国宇航技术及其应用标准化技术委员会（SAC/TC 425）归口。

本标准起草单位：北京东方计量测试研究所、西安空间无线电技术研究所。

本标准主要起草人；张书锋、刘民、朱建华、马志毅、刘志宏、徐思伟、王志勇、季启政、路润喜、蔡阿宁、王南光、袁亚飞、冯文武、许丽丽、汤浩军、胡立栎、张絮洁。

引　言

随着电子技术的飞速发股，航天电子产品中使用了大量静电敏感器件，在电子产品研制、生产，使用等过程中使用的工具和设备以及操作人员携带的静电荷有可能造成静电敏感器件的损伤甚至失效，会给航天电子产品带来严重的质量隐患。为了杜绝由于静电放电造成的电子产品质量事故，我国对航天电子产品的静电防护提出了明确的管理和技术要求，并在航天系统电子产品生产单位运行实施，得到了成功验证和应用。本标准将对航天电子产品全寿命周期的静电防护起到有效指导和控制作用。

航天电子产品静电防护要求

1　范围

本标准规定了航天电子产品静电防护的一般要求以及策划、培训、防静电工作区、包装、标识、采购和外包、监视和测量、审核、管理评审和改进等详细技术和管理要求。

本标准适用于航天静电放电敏感电子产品的采购、生产、检验、测试、失效分析、包装、标识、维修、储存、分发和运输等科研、生产活动，也可作为对组织的静电防护管理体系进行评价或审核的依据。

2　规范性引用文件

下列文件对于本文件的应用是必不可少的。凡是注日期的引用文件，仅注日期的版本适用于本文件。凡是不注日期的引用文件，其最新版本（包括所有的修改单）适用于本文件。

GB/T 15463　静电安全术语

GB/T 19000　质量管理体系　基础和术语

3　术语和定义、缩略语

3.1　术语和定义

GB/T 15463 和 GB/T 19000 界定的以及下列术语和定义适用于本文件。

3.1.1 静电放电 electrostatic discharge

两个具有不同静电电位的物体，由于直接接触或静电场感应引起的两物体间的静电电荷的快速转移。

3.1.2 静电（放电）防护 electrostatic discharge protection

防静电

为防止发生静电放电所采取的各种技术方法或防护措施。

3.1.3 组织 organization

处置静电放电敏感电子产品的厂所、公司或其他实体，包括外包单位。

3.1.4 静电防护方针 electrostatic discharge protection policy

由组织最高管理者正式发布的关于静电防护方面的全面意图和方向。

3.1.5 处置 handling

在静电放电敏感电子产品的采购、制造、加工、组装、装联、包装、标识、维修、失效分析、测试、检验、环境试验、储存、分发和运输等过程中，直接或间接地作用于产品的活动。

3.1.6 静电（放电）敏感度 electrostatic discharge sensitivity

电子元器件耐受静电放电不降低性能的能力，以能够耐受相应放电模型的最大静电放电电压值或级别来描述。

3.1.7 静电（放电）抗扰度 electrostatic discharge immunity

装置、设备或系统面临静电放电不降低运行性能的能力，以电压值或级别来描述。

3.1.8 防静电工作区 electrostatic discharge protected area

配备各种防静电装备（用品）和设置接地系统（或等电位连接）、能限制静电电位、具有确定边界和专门标记的场所。

3.1.9 静电防护包装 electrostatic discharge protective packaging

为静电敏感电子产品提供防护的包装物品或材料，如防静电的包装袋、填充物、运输箱、转运盒以及集成电路包装管等。

3.1.10 保护接地线 protective earth conductor

设备接地线 equipment grounding conductor

为安全目的把仪器设备金属外壳和电源外部接地系统连接起来的导线。

3.1.11 功能地 functional ground

辅助地 auxiliary ground

除保护地之外的与大地连接起来的装置。

3.1.12 公共连接点 common connection point

为使防静电器材设备处于相同的电位，把两件或多件防静电器材、设备的连接导线连接起来的装置。

3.2 缩略语

下列缩略语适用于本文件。

ESDS——静电放电敏感（的）（electrostatic discharge sensitive）

EPA——防静电工作区（electrostatic discharge protected area）

HBM——人体模型（human body model）

CDM——带电器件模型（charged device model）

4 静电防护一般要求

4.1 组织

4.1.1 组织应按本标准的要求建立、实施和保持与其活动范围相适应的静电防护管理体系。

4.1.2 组织应将其制度、计划、程序和指导书形成文件，加以实施和保持，并持续改进其有效性。组织应将体系文件传达至有关人员，并被其理解、获取和执行。

4.1.3　最高管理者是组织的最高行政领导，具体职责如下：

a）指定静电防护负责人并授予相应的权力；

b）确保静电防护方针和目标的实现；

c）提供必要的资源。

4.1.4　静电防护负责人应是参加静电防护管理体系决策的最高管理层成员，并具备履行以下职责所需的技术和行政能力，具体职责如下：

a）确保静电防护管理体系得到建立、实施和保持；

b）向最高管理者报告静电防护管理体系的绩效和任何改进的需求；

c）确保在整个组织内提高静电防护的意识。

4.1.5　组织应明确静电防护主管部门，负责静电防护管理体系的建立、日常监督和管理，并审核、验证与本标准要求的符合性。

4.1.6　组织应在体系文件中规定相关部门及人员的静电防护职责。

4.2　文件

4.2.1　总则

静电防护管理体系文件应包括：

a）形成文件的静电防护方针和静电防护目标，静电防护方针应包括对满足要求和持续改进静电防护管理体系有效性的承诺；

b）静电防护管理手册；

c）本标准所要求的程序文件；

d）组织为确保体系有效策划、运行和控制所需的文件；

e）本标准所要求的记录。

4.2.2　静电防护管理手册

4.2.2.1　组织应编制和保持静电防护管理手册。静电防护管理手册是实行静电防护、认证静电防护能力的主要管控文件。静电防护管理手册应适用于科研、生产的各个环节。组织应制定程序文件或操作规程，确保管理手册得到有效实施。静电防护管理手册应包括本标准的全部要求。

4.2.2.2 静电防护管理手册应由组织最高管理者签发。

4.2.3 文件控制

4.2.3.1 静电防护管理体系所要求的文件应予以控制。记录是一种特殊类型的文件，应按 4.2.4 的要求进行控制。

4.2.3.2 组织应编制程序文件，规定以下方面所需的控制：

a）文件发布前获得批准，以确保文件的充分性与适宜性；

b）必要时对文件进行评审与更新，并再次批准；

c）确保文件的更改和现行修订状态得到有效识别；

d）确保在使用处可获得适用文件的现行有效版本；

e）确保文件保持清晰、易于识别；

f）确保外来文件得到识别，并控制其分发；

g）防止作废文件的非预期使用，若因任何原因而保留作废文件时，应对这些文件进行准确标识。

4.2.4 记录控制

4.2.4.1 组织应建立并保持记录，以提供符合要求和静电防护管理体系有效运行的证据。记录应保持清晰、易于识别和检索。

4.2.4.2 记录应能提供 ESDS 电子产品实现过程的完整静电防护证据，并能清楚地证明电子产品静电防护满足规定要求的程度。

4.2.4.3 组织应编制程序文件，以规定记录的标识、储存、保护、检索、保存期限和处置所需的控制。

5　静电防护详细要求

5.1　策划

5.1.1　静电防护目标

最高管理者应确保在组织的相关职能和层次上建立静电防护目标。静电防护目标应具体、量化、可考核，并与静电防护方针保持一致。

5.1.2　识别

5.1.2.1　组织应识别所处置的电子产品的静电敏感度、静电抗扰度或静电防护要求。

5.1.2.2　组织应识别有静电防护要求的过程、区域、人员等。

注：上述静电防护管理体系所需的过程包括与航天电子产品的采购、制造、加工、组装、装联、包装、标识、维修、失效分析测试、检验、环境试验、储存、分发和运输等科研生产活动有关的环节。

5.1.2.3　组织应对客户的静电防护需求进行识别并加以满足，主动与客户交流沟通。

5.1.2.4　组织应编制程序文件，以确保组织的静电防护需求得到持续有效识别。

5.2　培训

5.2.1　组织应规定人员培训要求。对静电防护管理人员、处置或可能接触 ESDS 电子产品的所有人员（包括保洁人员、维修人员、来访人员等）应进行有关静电放电及其防护知识的初始培训和周期性培训。在作业人员从事 ESDS 电子产品处置工作前，应通过培训和考核获得上岗资格。培训和考核的方式方法可自行确定。

注：上述静电防护管理人员包括静电防护负责人、静电防护主管部门领导、静电防护主管部门主管人员、EPA 负责人、EPA 所属部门领导、EPA 现场管理人员等。

5.2.2 组织应编制程序文件，规定以下内容：

a）对人员进行静电防护培训的类型与频次做出规定；

b）明确保存培训记录的要求；

c）规定培训效果的评价和考核办法。

5.3 防静电工作区

5.3.1 总则

组织应编制程序文件，以规定防静电工作区的划分、配置、接地要求和管理要求。处置未经静电防护（无静电防护封装或包装）的 ESDS 电子产品必须在 EPA 中进行。

5.3.2 防静电工作区划分

组织应根据 5.1.2 识别的结果明确划分出 EPA，用于处置 ESDS 电子产品。在非固定场所或临时场所处置未经防护的 ESDS 电子产品，也应建立一个临时 EPA。每个 EPA 应设置明确的边界和统一、醒目的标识，并指定责任人。

5.3.3 防静电工作区配置

5.3.3.1 组织应根据相关要求，为 EPA 配置必要的防静电用品（包括静电防护包装、防静电服装鞋帽、防静电腕带、防静电工具、防静电材料等）设备和设施等。

5.3.3.2 所有与静电防护要求相关的用品、设备和设施等，均应按专用技术文件的要求检测，验收合格后方可投入使用。在使用过程中应按专用技术文件的要求进行周期性检测，并在有效期内使用。

5.3.4 接地/等电位连接系统

5.3.4.1 组织应采用规范的接地/等电位连接系统实现 EPA 内静电接地，使 ESDS 电子产品、人员和防静电用品、设备和设施（如台面、小车、电烙铁等）处于相同的电位，同时满足电源供电和人身安全的相关要求。接地/等电位连接系统要求见表 1，其中：

a）具备电源保护接地时，应优先选择电源保护接地系统；

b）没有电源保护接地系统、不便利用或有特殊需要时，可选用电源保护接地系统之外的接地装置（功能接地）；

c）既无电源保护接地系统又无功能接地装置可利用时，应使ESDS电子产品、人员和防静电用品、设备和设施通过等电位连接，处于相同的电位。

表1 接地/等电位连接系统要求

技术要求	实施方法	要求的限值
接地/等电位连接系统	保护接地线	符合电源供电的安全要求
	功能地	符合电源供电的安全要求
	等电位连接	小于 $1\times10^9\ \Omega$[a]

a 防静电用品，设备和设施对其公共连接点的最大电阻值应小于 $1\times10^9\ \Omega$。对于静电防护来说，此电阻没有最小值，应根据相关的安全要求，确定安全防护所需的最小电阻值。

5.3.4.2 各接地干线之间的连接和静电防护设备、设施的固定接地线路应采用钎焊、熔焊或压力连接件、螺栓等进行可靠连接。防静电工具、装置如防静电腕带（以下简称腕带）等接地端子可使用电气连接可靠、易于装拆的各种夹式连接器。

5.3.4.3 EPA内每个静电防护设备、设施的接地线应尽量独立与接地系统连接，除特殊情况（如防静电椅子、防静电鞋等通过防静电地面接地等）之外不应多个静电防护设备、设施串联接地。

5.3.4.4 组织应对可能接触电子产品ESDS部位的孤立导体进行控制，不能接地或等电位连接的导体，如两端空置的电缆线，必须保证孤立导体和ESDS部位之间的电压值应不大于35 V。

5.3.5 人员接地

5.3.5.1 在处置ESDS电子产品时，应通过腕带系统和地板一鞋束系统，使所有操作人员电气连接到接地/等电位连接系统。人员的接地方式、过程监测所要求的限值应符合如下要求：

a）当工作人员在防静电工作台前或固定工位工作时，应佩戴腕带，通过腕带系统把所有工作人员连接到接地/等电位连接系统，接地电阻满足 1×10^{6} Ω～3.5×10^{7} Ω；

b）当移动工作、佩戴腕带不方便时，应穿防静电鞋、防静电鞋套或脚跟带等，通过地板-鞋束系统接地，接地电阻满足 1×10^{5} Ω～1×10^{9} Ω，人体电压应小于 100 V。

5.3.5.2　利用防静电服实现人员接地时，应在静电防护管理手册中予以说明。防静电服的各部分（如从一只衣袖到另一衣袖）应具有电气连续性，包括人员、防静电服和接地线在内的对接地点的总电阻应小于 3.5×10^{7} Ω 。

5.3.6　工具和设备接地

5.3.6.1　使用交流电的工具

EPA 内防静电电烙铁、吸锡器、有源剥线器（热剥器）等使用交流电的工具应可靠接地，工具的操作面（或与 ESDS 电子产品接触的表面）对接地点的电阻应小于 10 Ω。

5.3.6.2　不使用交流电的工具

EPA 内不使用交流电的工具，包括手动工具（如扁嘴钳、剪线钳、镊子、夹具等）、气动工具和电池动力工具等，应通过防静电工作台面或使用工具的人员实现接地。当固定在防静电工作台面或被操作人员使用时，工具的操作面（或与 ESDS 电子产品接触的表面）对接地点的电阻应小于 1×10^{9} Ω。

5.3.6.3　设备

EPA 内的设备应可靠接地，与 ESDS 电子产品接触的表面对接地点的电阻应小于 1×10^{9} Ω。

5.3.7　防静电工作区管理

5.3.7.1　EPA 标识

在 EPA 入口处应贴挂规定的标识，保证工作人员进入 EPA 时能清楚看到。EPA 标识符号式样见图 1，其最小尺寸为 300 mm×150 mm，标识颜色为黄底黑字。每个 EPA 应有明确的边界，并指定责任人。

注：EPA 可以是一张工作台，整个房间，甚至是整栋建筑物。

图 1　EPA 标识符号式样

5.3.7.2　人员控制

对进入 EPA 的人员应实行控制。应规定经培训并获得上岗资格的人员才允许进入 EPA 处置 ESDS 电子产品，外来人员在 EPA 期间应由具备上岗资格的人员陪同。

进入 EPA 的人员应按要求应正确穿戴防静电服装鞋帽，正确使用防静电用品（包含工具、包装）、设备、设施等。

5.3.7.3　绝缘物控制

应规定绝缘物品的处置要求，以减少因电场感应导致的电子产品损坏。静电防护管理手册中应有工作过程所需绝缘物品的处置要求。当绝缘物品的表面电场强度可能大于 80 kV/m（2 000 V/2.5 cm）时，应使绝缘物品与 ESDS 电子产品相隔 30 cm 以上；当绝缘物品的表面电场强度可能大于 5 kV/m（125 V/2.5 cm）时，应使绝缘物与 ESDS 电子产品相隔 2.5 cm 以上。距离无法满足上述规定或必要时，应使用离子风机或其他静电缓解技术进行电荷中和处理。

EPA 内不应有与工作无关的绝缘物品（如纸制品、塑料制品等）。

5.3.7.4　温湿度控制

应规定 EPA 内的湿度和温度控制范围。EPA 内应配置温度和湿度测量装置和调节装置。室内相对湿度一般不超出 30%～70%，室内温度一般保持在

18～28 ℃范围内。对于有不同要求的 EPA，温湿度应符合专用技术文件的要求。应做好温湿度记录，可采用手动记录或自动在线记录的方式，每天记录应不少于两次。

5.3.7.5　EPA 分类要求

根据 EPA 的实际工作情况，将 EPA 分为以下两类：

a）Ⅰ类：直接或间接接触、处置 ESDS 元器件、组件（电路板等）的区域。如库房，元器件筛选、老化和测试，电装，电路板调试、维修、检验和清洗，单机调试，与 ESDS 单机直接相连的电缆所处区域等。

b）Ⅱ类：处置 ESDS 单机设备（ESDS 元器件，组件已经做了一定的防护）的区域。如单机环境试验，单机老化，有静电敏感要求的产品部装、总装，单机库房等。

5.3.7.6　EPA 配置要求

不同类型的 EPA 有不同的配置方案。EPA 配置要求见表 2。

表 2　EPA 配置要求

序号	要求项目	Ⅰ类 EPA	Ⅱ类 EPA	选择条件
1	标识	●	●	—
2	防静电地面	●	●	—
3	防静电工作台	●	●	—
4	防静电储存架/柜	●	●	—
5	防静电椅/凳	●	○	—
6	防静电移动设备	▲	○	在 EPA 内转运未经防护的 ESDS 电子产品时必选
7	静电防护包装	●	○	—
8	防静电服、帽	●	●	—
9	防静电鞋	●	●	—
10	防静电鞋套、脚跟带	●	●	—
11	防静电手套/指套	▲	▲	有洁净度要求时必选
12	防静电腕带	●	●	—
13	防静电工具	●	○	—
14	防静电离子风机	▲	○	处置绝缘物品和进行不便于接地的操作时必选

续表

序号	要求项目	Ⅰ类 EPA	Ⅱ类 EPA	选择条件
15	防静电涂料、降阻剂	○	○	—
16	温湿度监测仪表	●	●	—
17	人体静电综合测试仪	●	●	—
18	腕带测试仪	●	●	—
19	静电连续监澜仪	▲	—	电装车间必选
20	电烙铁测试仪	▲	—	电装车间必选
21	非接触式静电电压表	▲	○	至少有一台用于日常监测

注：●表示必选；—表示不要求；▲表示条件必选；○表示可选（根据各单位具体情况考虑，如器件静电敏感电压，操作人员多少等）。

5.4　包装

5.4.1　组织应对 ESDS 电子产品在 EPA 内、外的静电防护包装要求做出规定，并在合同、采购订单、图样或其他相关文件中予以明示。

5.4.2　ESDS 电子产品的包装应满足如下要求：

a）与 ESDS 电子产品直接接触的包装材料应是静电耗散材料；

b）ESDS 电子产品在 EPA 之间转运和在 EPA 外时，应满足 5.4a）的要求并增加静电放电屏蔽措施；

c）ESDS 元器件、半成品、成品组装件在 EPA 外均应装入全封闭的防静电屏蔽容器内。

5.5　标识

5.5.1　组织应对 ESDS 电子产品、静电防护包装和其他相关物品的标识要求做出规定，并在合同、采购订单、图样或其他相关文件中予以明示。

5.5.2　静电标识应清晰明确。除另有规定外，应使用图 1、图 2 和图 3 的标识。静电敏感警示标识用于 ESDS 电子产品，静电防护标识用于防静电包装、防静电器材设备等。

图 2 静电敏感警示标识

图 3 静电防护标识

5.6 采购和外包

5.6.1 组织应确保采购和外包（包括外协）的产品和服务满足静电防护要求：

a）应将组织的静电防护要求传达给产品和服务的供应商；

b）组织应评价产品和服务供应商的相应能力或资质，并保存这些评价的记录和获得批准的供应商名录。

5.6.2 组织应编制程序文件，以规定确保采购和外包的产品和服务满足静电防护要求所需的控制。

注：产品包括 ESDS 电子产品以及防静电用品、设备、设施等。

5.7 监视和测量

5.7.1 组织应提出监视和测量要求，以确保实现静电防护管理体系所确立的技术要求。

5.7.2 组织应编制程序文件规定如下内容：

a）应验证的技术项目、测量限值（允许值）和验证频次，所有过程监测应与此规定相一致；

b）过程监测所使用的设备与方法；

c）做好记录并保存的要求，为判别是否满足规定的技术要求提供证据；

d）所选用的测试设备应能满足监视和测量要求，并应保存有效的校准证书。

5.7.3 表 3 规定了 EPA 内各种防静电器材的技术要求，应根据实际情况选用。在静电防护管理手册中只要选定了防静电器材，所对应的测量限值就成为强制性的。组织应根据防静电器材、设施和工具的使用方式、使用条件和使用频度等因素，及器材、设施和工具性能随使用年限退化的规律，制定 EPA 内防静电器材、设施和工具的检测周期，确保其在检测周期内静电防护性能良好。推荐的检测周期参见附录 A。初次选择或新换批次的防静电器材应由具有相应检测能力和资质的第三方检测机构进行产品认证检测。每年进行的监视和测量项目应由具有相应检测能力和资质的第三方检测机构实施。

表 3　EPA 内防静电用品、设备、设施的技术要求

名称	产品认证要求	监视和测量要求(符合性验证)
地面(地板，地垫)	点对点电阻 $1\times10^{4}\ \Omega\sim1\times10^{9}\ \Omega$	点对点电阻 $1\times10^{4}\ \Omega\sim1\times10^{9}\ \Omega$
	点对接地点电阻 $1\times10^{4}\ \Omega\sim1\times10^{9}\ \Omega$	点对地电阻 $1\times10^{4}\ \Omega\sim1\times10^{9}\ \Omega$
	人体走动电压小于 100 V	—
工作台(台面、台垫)	点对点电阻 $1\times10^{5}\ \Omega\sim1\times10^{9}\ \Omega$	点对点电阻 $1\times10^{5}\ \Omega\sim1\times10^{9}\ \Omega$
	点对接地点电阻 $1\times10^{5}\ \Omega\sim1\times10^{9}\ \Omega$	点对地电阻 $1\times10^{5}\ \Omega\sim1\times10^{9}\ \Omega$
	充电孤立导体接触分离后残余电压小于 200 V	—
储存架/柜(储存未经防护的 ESDS 产品)	点对点电阻 $1\times10^{5}\ \Omega\sim1\times10^{9}\ \Omega$	点对点电阻 $1\times10^{5}\ \Omega\sim1\times10^{9}\ \Omega$
	点对接地点电阻 $1\times10^{5}\ \Omega\sim1\times10^{9}\ \Omega$	点对地电阻 $1\times10^{5}\ \Omega\sim1\times10^{9}\ \Omega$
椅/凳	点对接地点电阻 $1\times10^{5}\ \Omega\sim1\times10^{9}\ \Omega$	点对地电阻 $1\times10^{5}\ \Omega\sim1\times10^{9}\ \Omega$
防静电移动设备(如小车、梯子等)	点对点电阻小于 $1\times10^{9}\ \Omega$	表面对地电阻小于 $1\times10^{9}\ \Omega$
	点对接地点电阻小于 $1\times10^{9}\ \Omega$	
静电防护包装	与 ESDS 接触的表面点对点电阻 $1\times10^{3}\ \Omega\sim1\times10^{10}\ \Omega$	内、外表面点对点电阻小于 $1\times10^{10}\ \Omega$
	防静电屏蔽包装内感应能量小于 50 nJ	
防静电服、帽	点对点电阻 $1\times10^{5}\ \Omega\sim1\times10^{10}\ \mathrm{Q}$	点对点电阻 $1\times10^{5}\ \Omega\sim1\times10^{10}\ \Omega$
可接地防静电服	点对接地点电阻 $1\times10^{5}\ \Omega\sim1\times10^{9}\ \Omega$	点对地电阻 $1\times10^{5}\ \Omega\sim1\times10^{9}\ \Omega$
可接地防静电服系统	$1\times10^{6}\ \Omega\sim3.5\times10^{7}\ \Omega$	$1\times10^{6}\ \Omega\sim3.5\times10^{7}\ \Omega$
防静电鞋	鞋底电阻 $1\times10^{5}\ \Omega\sim1\times10^{8}\ \Omega$	鞋底电阻 $1\times10^{5}\ \Omega\sim1\times10^{8}\ \Omega$
防静电鞋套、脚跟带	鞋底导电带电阻 $1\times10^{5}\ \Omega\sim1\times10^{8}\ \Omega$	鞋底导电带电阻 $1\times10^{5}\ \Omega\sim1\times10^{8}\ \Omega$
防静电手套、指套	内、外表面点对点电阻 $1\times10^{5}\ \Omega\sim1\times10^{9}\ \Omega$	内、外表而点对点电阻 $1\times10^{5}\ \Omega\sim1\times10^{9}\ \Omega$

续表

名称	产品认证要求	监视和测量要求(符合性验证)
防静电腕带	腕带线缆端对端电阻(0.8～1.2)×10^6 Ω	腕带线缆端对端电阻(0.8～1.2)×10^6 Ω
	腕带套内表面对电缆扣电阻小于1×10^5 Ω	腕带套内表面对电缆扣电阻小于1×10^5 Ω
	腕带套外表面对地电阻大于1×10^7 Ω	腕带套外表面对地电阻大于1×10^7 Ω
腕带插孔	腕带插孔对接地点电阻小于2 Ω	腕带插孔对地电阻小于2 Ω
	腕带插头与插孔的拔出力大于1.5 N	腕带插头与插孔的拔出力大于1.5 N
电烙铁、吸锡器、热剥器、拆焊等手持电装工具	与ESDS电子产品的接触面对地电阻小于2 Ω	与ESDS电子产品的接触面对地电阻小于10 Ω
	与ESDS电子产品的接触面电压小于20 mV	
	与ESDS电子产品的接触面泄漏电流小于10 mA	
镊子、毛刷、钳子、夹具等手持工具	与ESDS电子产品的接触面对可接地部位电阻小于1×10^9 Ω	与ESDS电子产品的接触面对地电阻小于1×10^9 Ω
自动取放、自动电装、环境试验等设备	—	与ESDS电子产品的接触面对地电阻小于1×10^9 Ω
离子风机	静电衰变时间不大于20 s(从±1 000 V衰变到±100 V)	静电衰变时间不大于20 s(从±1 000 V衰变到±100 V)
	残余电压不大于35 V	残余电压不大于35 V
静电连续监测仪	由用户或产品规范规定	由用户或产品规范规定

注:上述限值适合于对静电敏感度在人体模型HBM 100 V及以上、带电器件模型CDM 200 V及以上和孤立导体±35 V及以上的ESDS产品的静电防护技术要求。如果处置静电敏感度更高的ESDS产品,需要增加控制项目或调整限值。当提供了特殊处置过程和处置项目的设计文件,并提供验证报告之后,仍视为符合本标准要求。

5.8 审核

5.8.1 组织应定期进行内部审核,内部审核应涉及管理体系的全部要素。审核周期一般为1 a。

5.8.2 审核应由经过培训和具备资格的人员来执行。审核人员应独立于被审核的活动。

5.8.3 对发现的不符合应采取纠正措施,并跟踪落实。审核结果应作为管理评审的输入之一。

5.8.4　组织应编制程序文件，以规定审核的策划、实施、形成记录以及报告结果的职责和要求。

5.8.5　组织应保存内部审核及其结果的记录。

5.9　管理评审

5.9.1　最高管理者应在规定周期内按程序评审静电防护管理体系，以确保其持续的适宜性、充分性和有效性。评审应包括评价静电防护管理体系改进的需求，包括静电防护方针和静电防护目标变更的需求。管理评审的周期一般为1a。可与质量管理体系等其他体系的管理评审合并进行，但应有独立的管理评审报告。

5.9.2　组织应编制程序文件，以规定管理评审的策划、输入．实施、输出，形成记录以及报告结果的职责和要求。

5.9.3　组织应保持管理评审的记录。

5.10　改进

5.10.1　组织应利用静电防护方针．静电防护目标，审核结果，数据分析、纠正措施和预防措施以及管理评审，持续改进静电防护管理体系的有效性。

5.10.2　组织应采取纠正措施，以消除不符合的原因，防止不符合的再发生。组织应编制程序文件，包括确定不符合的原因、制定并实施确保不符合不再发生的措施、记录所采取措施的结果并验证其有效性。

5.10.3　组织应采取预防措施，以消除潜在不符合的原因，防止不符合的发生。组织应编制程序文件，包括确定潜在不符合及其原因、制定并实施防止不符合发生的措施、记录所采取措施的结果并验证其有效性。

附 录 A

（资料性附录）

EPA 内防静电用品，设备、设施检测周期

表 A.1 规定了 EPA 内防静电用品、设备、设施的检测周期。

表 A.1 EPA 内防静电用品，设备、设施检测周期

项目要求		检测周期				
		连续	天	月	半年	一年
防静电地面（地板、地垫）	接地连接	—	—	●	—	—
	点对点、点对地电阻[a]	—	—	—	—	●
防静电工作台（台面、台垫）	接地连接	—	—	●	—	—
	点对点、点对地电阻[a]	—	—	—	—	●
防静电储存架/柜点对点、点对地电阻[a]		—	—	—	—	●
防静电椅/凳对地电阻[a]		—	—	—	●	—
防静电移动设备（手推车、梯子、搬运车、吊车等）表面对地电阻[a]		—	—	—	●	—
周转容器等静电防护包装表面点对点电阻和静电放电屏蔽性能		—	—	—	—	○
静电防护屏薇包装外观完整性		—	●	—	—	—
佩戴腕带情况下人体对地连接		—	●	—	—	—
腕带插孔		—	—	—	●	—
防静电服	个人着装情况	—	●	—	—	—
	点对点电阻或对地电阻	—	—	○	—	—
穿着防静电鞋、鞋套情况下人体对地连接		—	●	—	—	—
电烙铁等电装工具接地电阻		—	●	—	—	—
镊子等手持工具接地电阻		—	—	—	●	—
自动取放、自动电装、环境试验等设备接地电阻		—	—	—	●	—
离子风机技术性能		—	—	—	—	●
静电接地系统[b]	连续性、完整性	—	—	●	—	—
	公共接地点对电源保护地电阻	—	—	●	—	—
	交流设备导体阻抗[a]	—	—	—	—	●
	专用地线接地电阻[a]	—	—	—	—	●
人体静电综合测试仪、腕带测试仪、电烙铁测试仪等技术性能[a]		—	—	—	—	●
静电连续监测仪	工作状况	—	●	—	—	—
	技术性能[a]	—	—	—	—	●

续表

项目要求	检测周期				
	连续	天	月	半年	一年
非接触式静电电压表技术性能[a]	—	—	—	—	●
环境温度、相对湿度[c]	●	—	—	—	—

注：●表示必选；—表示不要求；○表示批次性抽查。应根据防静电用品，设备、设施的使用方式，条件，频度和年限等适当缩短检测周期。

[a]需要某种形式的检测标识，如标签、标牌或记录表格等。

[b]EPA 接地电阻（接地体与大地间的电阻）应每年检测一次。

[c]EPA 温度、相对湿度没有条件实现连续记录的，可每日定时记录不少于两次。

参 考 文 献

［1］GB 12158—2006 防止静电事故通用导则

［2］GB/T 15463—2008 静电安全术语

［3］GB/T 17626.2—2006 电磁兼容　试验和测量技术　静电放电抗扰度试验

［4］GB/T 19000—2008 质量管理体系　基础和术语

［5］GB/T 19001—2008 质量管理体系　要求

［6］GB/T 28001—2011 职业健康安全管理体系　要求

［7］GB/T 20000.7—2006 标准化工作指南　第 7 部分　管理体系标准的论证和制定

［8］GB 50611—2010 电子工程防静电设计规范

［9］IEC 61340 - 5 - 1：2007　Protection of electronic devices from electrostatic phenomena - General requirements

［10］IEC TR61340 - 5 - 2：2007　Protection of electronic devices from electrostatic phenomenar - User guide

［11］ANSI/ESD S20.20：2014 For the Development of an Electrostatic Discharge Control Program for Protection of Electrical and Electronic Parts, Assemblies and Equipment（Excluding Electrically Initiated Explosive Devices)

［12］ANSI/ESD S20.20：2007 For the Development of an Electrostatic Discharge Control Program for Protection of Electrical and Electronic Parts, Assemblies and Equipment（Excluding Electrically Initiated Explosive Devices)

［13］ESD TR20.20；2008 Handbook for the Development of an Electrostatic Discharge ControlProgram for the Protection of Electronic Parts, Assemblies and Equipment. ESDA. 2008

［14］ESD TR53 - 01 - 06 For the Protection of Electrostatic Discharge Susceptible Items—Compliance Verification of ESD Protective Equipment and

Materials. ESDA，2006

[15] NASA - STD 3739.7 Requirements for Electrostatic Discharge Control（Excluding Electrically Initiated Explosive Devices）. NASA Technical Standard，2002

[16] 袁亚飞等. 电子工业静电防护技术与管理 [M]. 北京：中国宇航出版社，2013.

[17] 孙延林. 电子工业静电防护指南 [M]. 北京：电子工业出版社，2006.

[18] 刘尚合等. 静电放电及危害防护 [M]. 北京：北京邮电大学出版社，2004.

[19] 张宝铭，林文荻. 静电防护技术手册 [M]. 北京：电子工业出版社，2000.

附录 B

中 国 航 天 科 技 集 团 公 司 标 准

FL 1600　　　　Q/QJA 118—2013

航天电子产品静电防护管理体系要求

Electrostatic discharge protection management system requirements of aerospace electronic products

2013－01－31 发布　　　　2013－04－30 实施

中国航天科技集团公司　发 布

前　言

本标准由中国航天科技集团公司提出。

本标准由中国航天标准化与产品保证研究院归口。

本标准起草单位：北京东方计量测试研究所。

本标准主要起草人：张书锋、刘志宏、朱建华、刘民、马志毅、王南光、季启政、路润喜、袁亚飞、冯文武、许丽丽、胡立栎。

本标准主要审查人：张烨、杨宏海、杜国江、王志勇、谢文捷、华苇、朱联高、雷式松、穆元良。

集团公司标准咨询热线：(010) 88108070，(010) 88108072。

航天电子产品静电防护管理体系要求

1　范围

本标准规定了航天电子产品静电防护管理体系的总体要求和管理要求。

本标准适用于航天电子产品静电防护管理体系的建立、实施、保持和认证。

2　规范性引用文件

下列文件中的条款通过本标准的引用而成为本标准的条款。凡是注日期的引用文件，其随后所有的修改单（不包含勘误的内容）或修订版均不适用于本标准，然而，鼓励根据本标准达成协议的各方研究是否使用这些文件的最新版本。凡是不注日期的引用文件，其最新版本适用于本标准。

GB/T 15463 静电安全术语

GJB 9001 质量管理体系要求

3　术语和定义、缩略语

3.1　术语和定义

GB/T 15463 和 GJB 9001 确立的以及下列术语和定义适用于本标准。

3.1.1　组织 organization

承担航天电子产品研制、生产、试验、维修任务的厂所、公司或其他实体，包括外包单位。

3.1.2 静电放电 electrostatic discharge

两个具有不同静电电位的物体，由于直接接触或静电场感应引起的两物体间的静电电荷的转移。

3.1.3 静电（放电）防护 electrostatic discharge protection

为防止发生静电放电所采取的各种技术方法或防护措施，也称“防静电”。

3.1.4 静电防护方针 electrostatic discharge protection policy

由组织最高管理者正式发布的关于静电防护方面的全面意图和方向。

3.1.5 处置 handling

在静电放电敏感电子产品（电子元器件、组件和设备）的采购、制造、加工、组装、装联、包装、标识、维修、失效分析、测试、检验、环境试验、贮存、分发和运输等过程中，直接或间接地作用于产品的活动。

3.1.6 静电（放电）敏感度 electrostatic discharge sensitivity

电子元器件耐受静电放电不降低性能的能力，以能够耐受的最大静电放电电压值或级别来描述。

3.1.7 静电（放电）抗扰度 electrostatic discharge immunity

装置、设备或系统面临静电放电不降低运行性能的能力，以电压值或级别来描述。

3.1.8 防静电工作区 electrostatic discharge protected area

配备各种防静电装备（用品）和设置接地系统（或等电位连接）、能限制静电电位、具有确定边界和专门标记的场所。

3.1.9 静电防护包装 electrostatic discharge protective packaging

为航天电子产品提供静电防护的包装物品或材料（含防静电包装袋、填充物、运输箱、转运盒以及集成电路包装管等）。

3.2　缩略语

下列缩略语适用于本标准。

ESD——electrostatic discharge，静电放电；

ESDS——electrostatic discharge sensitive，静电放电敏感（的）；

EPA——electrostatic discharge protected area，防静电工作区。

4　静电防护管理体系总体要求

4.1　组织

4.1.1　组织应按本标准的要求建立、实施和保持与其活动范围相适应的静电防护管理体系。

4.1.2　组织应将其制度、计划、程序和指导书形成文件，加以实施和保持，并持续改进其有效性。组织应将体系文件传达至有关人员，并被其理解、获取和执行。

4.1.3　最高管理者应：

a）指定静电防护负责人并授予相应的权力；

b）确保静电防护方针和目标的实现；

c）提供必要的资源。

注：本标准中的最高管理者是指组织的最高行政领导。

4.1.4　静电防护负责人应：

a）确保静电防护管理体系得到建立、实施和保持；

b）向最高管理者报告静电防护管理体系的绩效和持续改进的需求；

c）确保在整个组织内提高静电防护的意识。

静电防护负责人应是参与静电防护管理体系决策的最高管理层成员，并具备履行以上职责所需的技术和行政能力。

4.1.5　组织应明确静电防护主管部门，负责静电防护管理体系的建立、日常监督和管理，并审核、验证与本标准要求的符合性。

4.1.6　组织应在体系文件中规定相关部门及人员的静电防护职责。

4.2　文件

4.2.1　总则

静电防护管理体系文件应包括：

a）形成文件的静电防护方针和静电防护目标；

b）静电防护管理手册；

c）本标准所要求的程序文件；

d）组织为确保体系有效策划、运行和控制所需的文件；

e）本标准所要求的记录。

注：静电防护方针包括对满足要求和持续改进静电防护管理体系有效性的承诺。

4.2.2　静电防护管理手册

组织应编制和保持静电防护管理手册。静电防护管理手册是实行静电防护、认证静电防护能力的主要文件。静电防护管理手册应适用于科研生产的各个环节。组织应制定程序文件或操作规程，确保管理手册得到有效实施。静电防护管理手册应符合本标准的全部要求。

静电防护管理手册应由组织最高管理者签发。

4.2.3　文件控制

静电防护管理体系所要求的文件应予以控制。记录是一种特殊类型的文件，应按 4.2.4 的要求进行控制。

组织应编制程序文件，以规定以下方面所需的控制：

a）为使文件是充分与适宜的，文件发布前应得到批准；

b）必要时对文件进行评审与更新，并再次批准；

c）确保文件的更改和现行修订状态得到识别；

d）确保在使用处可获得适用文件的有关版本；

e）确保文件保持清晰、易于识别；

f）确保外来文件得到识别，并控制其分发；

g）防止作废文件的非预期使用，若因任何原因而保留作废文件时，对这些文件进行适当的标识。

4.2.4　记录控制

组织应建立并保持记录，以提供符合要求和静电防护管理体系有效运行的证据。记录应保持清晰、易于识别和检索。

记录应能提供航天电子产品实现过程的完整静电防护证据，并能清楚地证明电子产品静电防护满足规定要求的程度。

组织应编制程序文件，以规定记录的标识、贮存、保护、检索、保存期限和处置所需的控制。

5　静电防护管理体系管理要求

5.1　策划

5.1.1　静电防护目标

最高管理者应确保在组织的相关职能和层次上建立静电防护目标。静电防护目标应具体、量化、可考核，并与静电防护方针保持一致。

5.1.2　识别

组织应识别所处置的电子产品的静电敏感度、静电抗扰度或静电防护要求。

组织应识别有静电防护要求的过程、环节、区域、人员等。

组织应对客户的静电防护需求进行识别并加以满足，主动与客户交流沟通。

组织应编制程序文件，以确保组织的静电防护需求得到持续有效识别。

注：上述静电防护管理体系所需的过程包括与航天电子产品的采购、制造、加工、组

装、装联、包装、标识、维修、失效分析、测试、检验、环境试验、贮存、分发和运输等科研生产活动有关的环节。

5.2　人员培训

组织应规定人员培训要求。对静电防护管理人员、处置或可能接触ESDS电子产品的所有人员（包括保洁人员、维修人员、来访人员等）应进行有关静电放电及其防护知识的初始培训和周期性培训。在工作人员从事航天电子产品处置工作之前，应通过培训获得上岗资格。培训的方式方法可自行确定。组织应编制程序文件：

a）对人员进行静电防护培训的类型与频次做出规定；

b）提出保存培训记录的要求，并规定记录保存的具体场所；

c）规定培训效果的评价和考核办法。

注：上述静电防护管理人员包括静电防护负责人、静电防护主管部门领导、静电防护主管部门主管人员、EPA负责人、EPA所属部门领导、EPA现场管理人员等。

5.3　防静电工作区

5.3.1　总则

组织应编制程序文件，以规定防静电工作区的划分、配置、接地和管理要求。处置未经静电防护的ESDS电子产品必须在EPA中进行。

5.3.2　防静电工作区划分

组织应根据5.1.2识别的结果明确划分出EPA，用于处置航天电子产品。每个EPA应有明确的边界和统一、醒目的标识，并指定责任人。

5.3.3　防静电工作区配置

5.3.3.1　组织应根据相关要求，为EPA配置必要的静电防护设备、设施和器材等。

5.3.3.2　所有与静电防护要求相关的设施、设备、防静电材料、服装、用品、用具及包装等，均应按专用技术文件的要求检测，验收合格后方可投入使用。在使用过程中应按其专用技术文件的要求进行周期检测，并在有效期内使用。

5.3.4 接地/等电位连接系统

组织应采用适宜的接地/等电位连接系统实现EPA内ESD接地，使ESDS电子产品、人员和其他静电导体保持相同的电位，同时应满足电网使用和人身安全的相关要求。

5.3.5 人员接地

在处置ESDS电子产品时，应通过腕带系统、地板—鞋束系统，使所有操作人员连接到接地/等电位连接系统。

5.3.6 工具和设备接地

5.3.6.1 使用交流电的工具

EPA内使用交流电的工具应采取接地措施，工具的操作面（或与ESDS电子产品接触的表面）对接地点的电阻限值应满足相关的要求。

5.3.6.2 不使用交流电的工具

EPA内不使用交流电的工具，应通过ESD工作台面或使用工具的人员实现接地，工具被操作人员使用时其操作面（或与ESDS电子产品接触的表面）对接地点的电阻限值应满足相关的要求。

5.3.6.3 设备

EPA内利用公用电源供电的设备，应通过电源保护地线接地。

5.3.7 防静电工作区管理

5.3.7.1 处置任何ESDS电子产品，均应在EPA内进行。

5.3.7.2 应在EPA入口处显著位置贴挂规定的标识，工作人员进入EPA时应严格遵守其规定。

5.3.7.3 对进入EPA的人员应实行控制。

5.3.7.4 应规定绝缘物品的处置要求，以减少因电场感应导致的电子产品损坏。

5.3.7.5　应依据产品的特点规定 EPA 内的湿度和温度合理范围，并进行控制。

5.4　包装

组织应对 ESDS 电子产品在 EPA 内、外的静电防护包装要求做出规定，并在合同、采购订单、图样或其他相关文件中予以明确。

5.5　标识

组织应对 ESDS 电子产品、静电防护包装和其他相关物品的标识要求做出规定，并在合同、采购订单、图样或其他相关文件中予以明确。

5.6　采购和外包

组织应确保采购和外包的产品和服务满足静电防护要求：

a）应将组织的静电防护要求传达给产品和服务的供应商；

b）组织应评价产品和服务供应商的相应能力或资质，并保存评价记录和获得批准的供应商名录。组织应编制程序文件，以规定确保采购和外包的产品和服务满足组织的静电防护要求所需的控制。

注：产品包括 ESDS 电子产品以及静电防护设备、设施、器材等。

5.7　监视和测量

组织应提出监视和测量要求，以确保实现静电防护管理体系所确立的技术要求。

组织应编制程序文件

a）规定应验证的技术项目、测量限值（允许值）和验证频次，所有过程监测应与此规定相一致；

b）规定过程监测所使用的设备与方法；

c）规定做好记录并保存的要求，为判别是否满足规定的技术要求提供证据；

d）规定所选用的测试设备应能满足监视和测量要求。

5.8　审核

5.8.1　组织应定期进行内部审核，内部审核应涉及管理体系的全部要素。审核周期一般为一年。

5.8.2　审核应由经过培训和具备资格的人员来执行。审核人员应独立于被审核的活动。

5.8.3　对发现的不符合应采取纠正措施，并跟踪落实。审核结果应作为管理评审的输入之一。

5.8.4　组织应编制程序文件，以规定审核的策划、实施、形成记录以及报告结果的职责和要求。

5.8.5　组织应保存内部审核及其结果的记录。

5.9　管理评审

5.9.1　最高管理者应按策划的时间间隔和程序评审静电防护管理体系，以确保其持续的适宜性、充分性和有效性。评审应包括评价静电防护管理体系改进的需求，包括静电防护方针和静电防护目标变更的需求。管理评审的周期一般为 12 个月。可与质量管理体系等其他体系的管理评审合并进行，但应有独立的管理评审报告。

5.9.2　组织应编制程序文件，以规定管理评审的策划、输入、实施、输出、形成记录以及报告结果的职责和要求。

5.9.3　组织应保持管理评审的记录。

5.10　改进

5.10.1　组织应利用静电防护方针、静电防护目标、审核结果、数据分析、纠正措施和预防措施以及管理评审，持续改进静电防护管理体系的有效性。

5.10.2　组织应采取纠正措施，以消除不符合的原因，防止不符合的再发生。组织应编制程序文件，包括确定不符合的原因、制定并实施确保不符合不再发生的措施、记录所采取措施的结果并验证其有效性。

5.10.3　组织应采取预防措施，以消除潜在不符合的原因，防止不符合的发生。组织应编制程序文件，包括确定潜在不符合及其原因、制定并实施防止不符合发生的措施、记录所采取措施的结果并验证其有效性。

附录 C

中 国 航 天 科 技 集 团 公 司 标 准

FL 1600

Q/QJA 119—2013

航天电子产品静电防护技术要求

Technical requirements for electrostatic discharge protection of aerospace electronic products

2013－01－31 发布

2013－04－30 实施

中国航天科技集团公司　发 布

前　言

本标准由中国航天科技集团公司提出。

本标准由中国航天标准化与产品保证研究院归口。

本标准起草单位：北京东方计量测试研究所。

本标准主要起草人：张书锋、王南光、刘志宏、刘民、马志毅、袁亚飞、冯文武、季启政、高志良。

本标准主要审查人：张烨、杜国江、朱联高、穆元良、谢文捷、华苇、张正龙、雷式松、王志勇。

集团公司标准咨询热线：(010) 88108070，(010) 88108072。

航天电子产品静电防护技术要求

1 范围

本标准规定了对航天电子产品（电子元器件、组件和设备）进行静电防护的接地/等电位连接系统、人员接地、工具和设备接地、防静电工作区、包装、标识和人身安全等方面的技术要求。

本标准适用于处置静电放电敏感电压不低于人体模型（HBM）100V的电子产品的采购、制造、加工、组装、装联、包装、标识、维修、失效分析、测试、检验、环境试验、贮存、分发和运输等科研生产活动。

2 规范性引用文件

下列文件中的条款通过本标准的引用而成为本标准的条款。凡是注日期的引用文件，其随后所有的修改单（不包含勘误的内容）或修订版均不适用于本标准，然而，鼓励根据本标准达成协议的各方研究是否使用这些文件的最新版本。凡是不注日期的引用文件，其最新版本适用于本标准。

GB/T 15463 静电安全术语

Q/QJA 118—2013 航天电子产品静电防护管理体系要求

Q/QJA 120—2013 航天电子产品防静电测试要求

Q/QJA 121—2013 航天电子产品防静电离子风机检测方法

Q/QJA 122—2013 航天电子产品防静电屏蔽包装袋检测方法

3 术语和定义

GB/T 15463 和 Q/QJA 118—2013 确立的以及下列术语和定义适用于本标准。

3.1 保护接地线 protective earth conductor

设备接地线

以安全为目的把仪器设备金属外壳和电源外部接地系统连接起来的导线。

3.2 功能地 functional ground

辅助地

除保护地之外的与大地连接起来的装置。

3.3 公共连接点 common connection point

为使防静电器材设备处于相同的电位，把多件防静电器材设备的连接导线连接起来的装置。

3.4 等电位 equipotential

具有相同的电位或具有均匀的电位。

3.5 静电耗散材料 electrostatic dissipative material

表面电阻或体积电阻在 $1\times10^{5}\ \Omega\sim1\times10^{10}\ \Omega$ 之间的材料。

4 缩略语

下列缩略语适用于本标准。

CDM——charged device model，带电器件模型；

EPA——electrostatic discharge protected area，防静电工作区；

ESD——electrostatic discharge，静电放电；

ESDS——electrostatic discharge sensitive，静电放电敏感（的）；

HBM——human body model，人体模型。

5　技术要求

5.1　接地/等电位连接系统

5.1.1　利用接地/等电位连接系统实现ESD接地，使ESDS电子产品、人员和其它静电导体（含桌垫、小车、电烙铁等）处于相同的电位。接地/等电位连接系统要求见表1，其中：

a）具备电源保护接地时，应优先选择电源保护接地系统；

b）没有电源保护接地系统、不便利用或有特殊需要时，可选用功能地接地；

c）既无电源保护接地系统又无功能接地装置可利用时，应使ESDS电子产品、人员和其它导体通过等电位连接，处于相同的电位。

表1　接地/等电位连接系统要求

技术要求	实施方法	要求的限值	测试方法
接地/等电位连接系统	保护接地线	符合电网的安全要求	Q/QJA 120—2013
	功能地	符合电网的安全要求	Q/QJA 120—2013
	等电位连接	$<1\times10^{9}\ \Omega$[a]	Q/QJA 120—2013

a 防静电器材对其公共连接点的最大电阻值应小于$1\times10^{9}\ \Omega$。对于ESD防护来说，此电阻没有最小值，应根据相关的安全要求，确定安全防护所需的最小电阻值。

5.1.2　各接地干线之间的连接和静电防护设备、设施的固定接地线路应采用钎焊、熔焊或压力连接件、螺栓等进行搭接连接。防静电工具、装置（如防静电腕带）等接地端子可使用电气连接可靠、易于装拆的各种夹式连接器。

5.1.3　EPA内每个静电防护设备、设施的接地线应尽量独立与接地系统连接，除特殊情况（如防静电椅子、防静电鞋等通过防静电地面接地等）之外不应多个静电防护设备、设施串联接地。

5.2　人员接地

5.2.1　在处置ESDS电子产品时，应使所有工作人员连接到接地/等电位连接系统。人员的接地方式、过程监测所要求的限值和测量方法应根据表 2 的规定进行选用。

5.2.2　当工作人员在防静电工作台或固定工位工作时，应佩戴防静电腕带，通过腕带系统把所有工作人员连接到接地/等电位连接系统。

5.2.3　当移动工作、佩戴腕带不方便的情况下，应穿防静电鞋，通过地板—鞋束系统接地。当使用地板—鞋束系统时，应符合下列条件：

a）当系统（从人体-鞋束-地板到接地/等电位连接系统）的总电阻小于 $3.5\times10^{7}\,\Omega$ 时，应遵循表 2 中方法一的要求；

b）当系统（从人体-鞋束-地板到接地/等电位连接系统）的总电阻大于 $3.5\times10^{7}\,\Omega$ 且小于 $1\times10^{9}\,\Omega$ 时，应遵循表 2 中方法二的要求。

5.2.4　利用防静电服实现人员接地时，应在静电防护管理手册中予以说明。防静电服的各部分（如从一只衣袖到另一只衣袖）应具有电气连续性，并应满足表 2 中腕带系统电阻要求。

表 2　人员接地要求

<table>
<tr><th colspan="2" rowspan="2">人员接地方式</th><th rowspan="2">产品条件</th><th colspan="2">监视和测量</th></tr>
<tr><th>对地电阻允许范围</th><th>测试方法</th></tr>
<tr><td colspan="2">腕带系统[a]</td><td>$<3.5\times10^{7}\,\Omega$</td><td>$7.5\times10^{5}\,\Omega\sim3.5\times10^{7}\,\Omega$</td><td>Q/QJA 120—2013</td></tr>
<tr><td rowspan="3">地板-鞋束系统</td><td>方法一</td><td>$<3.5\times10^{7}\,\Omega$</td><td>$1\times10^{5}\,\Omega\sim3.5\times10^{7}\,\Omega$</td><td>Q/QJA 120—2013</td></tr>
<tr><td rowspan="2">方法二</td><td>对地电阻 $<1\times10^{9}\,\Omega$</td><td>$3.5\times10^{7}\,\Omega\sim1\times10^{9}\,\Omega$（防静电地板部分）</td><td>Q/QJA 120—2013</td></tr>
<tr><td>人体电压 $<100\,V$</td><td>$3.5\times10^{7}\,\Omega\sim1\times10^{8}\,\Omega$（防静电鞋束部分）</td><td>Q/QJA 120—2013</td></tr>
</table>

a 当腕带通过防静电服接地时，包括人员、防静电服和接地线在内的总的系统电阻应小于 $3.5\times10^{7}\,\Omega$。

5.3　工具和设备接地

5.3.1　使用交流电的工具

防静电工作区内使用交流电的工具应采取接地措施。防静电电烙铁、吸锡器、有源剥线器等工具，工具的操作面（或与 ESDS 电子产品接触的表面）对接地点的电阻应小于 2 Ω。若电阻值随着使用而增大，应小于 20 Ω。

5.3.2　不使用交流电的工具

防静电工作区内不使用交流电的工具，包括手动工具（含扁嘴钳、剪线钳、镊子、夹具等）、气动工具和电池动力工具等，应通过 ESD 工作台面或使用工具的人员实现接地。当固定在 ESD 工作台面或人员使用时，工具的操作面（或与 ESDS 电子产品接触的表面）对接地点的电阻应小于 1×10^9 Ω。

5.3.3　设备

利用公用电源供电的设备，金属机壳应通过电源保护地线接地，并经检测验证，接地正确、可靠。

5.4　防静电工作区

5.4.1　总体要求和标识

无论在何处处置 ESDS 电子产品，均应建立 EPA。当对无静电防护封装或包装的 ESDS 元器件、组件或设备进行处置时，应在 EPA 内进行。应在 EPA 入口处显著位置贴挂规定的警示标识，工作人员进入 EPA 时应严格遵守其规定。EPA 标识符号式样见图 1，其最小尺寸为 300 mm×150 mm，标识颜色为黄底黑色。

注：EPA 可以是一张工作台，整个房间，甚至是整栋建筑物。

图 1　EPA 标识符号式样

5.4.2 人员控制

应规定只有经过静电防护知识培训获得上岗资格的人员才能允许进入EPA处置ESDS电子产品。未经培训的人员在EPA期间，应由具备上岗资格的人员陪同。

5.4.3 绝缘物品控制

5.4.3.1 应采取措施减少因电场感应所导致的带电器件模型（CDM）的产品损坏。当绝缘物品的表面电位大于2 000 V时，应采取以下措施：

a）使绝缘物品与ESDS电子产品相隔30 cm以上的距离；

b）使用离子风机或其他静电缓解技术，进行电荷中和处理。

5.4.3.2 禁止把塑料水杯、食品包装袋和个人用品等带入EPA，与工作无关的绝缘物品（如纸制品、塑料制品等）应从工作台或处置ESDS电子产品的工作现场清理出去。

5.4.4 温湿度控制

EPA湿度控制是静电防护的关键要素之一，应规定湿度控制范围。EPA应配置温度和湿度测量装置和调节装置。室内相对湿度宜保持在40%～60%范围内，一般不应超出30%～70%；室内温度应保持在16～28 ℃范围内。对于有不同要求的EPA，温湿度应符合专用技术文件的要求。

5.4.5 EPA分类要求

在EPA内实现静电防护，可有不同的器材配置方案。应根据组织的实际工作情况，把EPA分为以下两类：

Ⅰ类：直接或间接接触、处置ESDS元器件、组件（电路板等）的区域。如库房，元器件筛选、老化和测试，电装，电路板调试、维修、检验和清洗，单机调试，与ESDS单机直接相连的电缆所处区域等。

Ⅱ类：处置ESDS单机设备（ESDS元器件、组件已经做了一定的防护）的区域。如单机环境试验，单机老化，有静电敏感要求的产品部装、总装，单机库房等。

5.4.6 EPA 配置要求

EPA 配置要求见表 3。

所有与静电防护要求相关的设施、设备、防静电材料、服装、用品、用具及包装等，均应按专用技术文件的要求检测，验收合格后方能投入使用。在使用过程中应按专用技术文件的要求进行周期检测，并在有效期内使用。测试方法按 Q/QJA 120—2013 执行。

表 3 EPA 配置要求

序号	要求项目	I 类 EPA	II 类 EPA	选择条件
1	标识	●	●	—
2	防静电地面	●	●	—
3	防静电工作台	●	●	—
4	防静电储存架/柜	●	●	—
5	防静电椅子	●	○	—
6	防静电移动设备(小车)	▲	○	在 EPA 内运输未经防护的静电敏感产品时必选
7	防静电包装	●	○	—
8	防静电服、帽	●	●	—
9	防静电鞋	●	●	—
10	一次性防静电鞋套	●	●	—
11	防静电手套、指套	▲	▲	有洁净度要求时必选
12	防静电腕带	●	●	—
13	防静电工具	●	○	—
14	防静电离子风机	▲	○	处置绝缘体和进行不便于接地的操作时必选
15	防静电涂料、降阻剂	○	○	—
16	温湿度监测仪表	●	●	—
17	人体静电综合测试仪	●	●	—
18	腕带测试仪	●	●	—
19	腕带连续监测仪	▲	—	电装车间必选
20	电烙铁测试仪	▲	—	电装车间必选
21	非接触式静电电压表	○	○	—

注：●表示必选；—表示不要求；▲表示条件必选；○表示可选(根据各单位具体情况考虑，如器件静电

敏感电压、工作人员多少等)。

5.4.7　EPA 内防静电器材及监视和测量要求

EPA 内各种防静电器材的技术要求按表 4 执行。在静电防护管理手册中只要选定了防静电器材，所对应的测量限值和测试方法就成为强制性的。EPA 内防静电器材、设施和工具检测间隔见 Q/QJA 120—2013，每半年或每年进行的监视与测量项目应由具有相应资质并授权的第三方检测机构实施。

表 4　EPA 内防静电器材及监视和测量要求

防静电器材名称	控制项目	产品要求	监视和测量要求	
			允许范围	测试方法
工作台面	对地电阻	$<1\times10^{9}\ \Omega$	$1\times10^{5}\ \Omega\sim1\times10^{9}\ \Omega$	Q/QJA 120—2013
腕带	腕带线缆端对端电阻	$(1\pm20\%)\times10^{6}\ \Omega$	表 2	
	腕带套内表面对电缆扣电阻	$<1\times10^{5}\ \Omega$		
	腕带套外表面对地电阻	$>1\times10^{7}\ \Omega$		
防静电鞋	鞋底电阻	$<1\times10^{8}\ \Omega$	见表 2	
地板、地垫	对地电阻	$<1\times10^{9}\ \Omega$	见表 2	
凳、椅	对地电阻	$<1\times10^{9}\ \Omega$	$1\times10^{5}\ \Omega\sim1\times10^{9}\ \Omega$	Q/QJA 120—2013
离子风机	静电衰变时间	不大于 20 s(从 ±1 000 V 衰变到 ±100 V)	不大于 20 s(从 ±1 000 V 衰变到 ±100 V)	Q/QJA 121—2013
	残余电压	不大于 50 V 或由产品规范规定	残余电压不大于 50 V 或由产品规范规定	Q/QJA 121—2013
储存架	对地电阻	$<1\times10^{9}\ \Omega$	$1\times10^{5}\ \Omega\sim1\times10^{9}\ \Omega$	Q/QJA 120—2013
移动设备(如小车)	表面对地电阻	$<1\times10^{9}\ \Omega$	$1\times10^{5}\ \Omega\sim1\times10^{9}\ \Omega$	Q/QJA 120—2013
连续监控设备	由用户规定	由用户规定	由产品规范规定	由产品规范规定
工作服	防静电服点对点电阻	$<1\times10^{10}\ \Omega$	$1\times10^{5}\ \Omega\sim1\times10^{10}\ \Omega$	Q/QJA 120—2013
	可接地防静电服对地电阻	$<1\times10^{9}\ \Omega$	$1\times10^{5}\ \Omega\sim1\times10^{9}\ \Omega$	Q/QJA 120—2013
	可接地防静电服系统	$<3.5\times10^{7}\ \Omega$	$7.5\times10^{5}\ \Omega\sim3.5\times10^{7}\ \Omega$	Q/QJA 120—2013

续表

防静电器材名称	控制项目	产品要求	监视和测量要求	
			允许范围	测试方法
周转容器	表面点对点电阻	$<1\times10^{10}\ \Omega$	$<1\times10^{10}\ \Omega$	Q/QJA 120—2013
	防静电屏蔽包装袋内感应能量	<50 nJ	<50 nJ	Q/QJA 122—2013
电烙铁焊头、吸锡器等焊接设备	对地电阻	新购：<2 Ω 在用：<20 Ω	<20Ω	Q/QJA 120—2013

5.5 包装

ESDS 产品的包装应由防静电材料制作，原则如下：

a）与 ESDS 电子产品直接接触的包装材料应是静电耗散材料；

b）ESDS 电子产品在 EPA 之间转运和在 EPA 外时，应满足 a）的要求并增加静电放电屏蔽措施；

c）ESDS 元器件、半成品、成品组装件均应装入全封闭的防静电容器或防静电屏蔽袋内。

具体规定见 Q/QJA 120—2013 中 4.10。

5.6 标识

ESD 标识应清晰明确。除另有规定外，应使用图 1、图 2 和图 3 的标识。ESD 敏感警示标识用于 ESDS 电子产品，ESD 防护标识用于防静电包装、防静电器材设备等。

图 2 ESD 敏感警示标识

图 3 ESD 防护标识

6 人身安全

6.1 本标准规定的操作流程和使用的设备有可能使工作人员处于不安全的电气环境。应选用符合相关法规和安全标准的设备。本标准不能替代有关人身安全的要求。

6.2 在工作人员有可能接触到电源的地方，应采用漏电保护装置或其他安全保护措施。

6.3 应遵守电气电子设备的正确接地规则，避免出现危害。

6.4 本标准规定的防静电器材电阻下限值均适用于供电电压不高于500V的工作场合。对于供电电压高于500 V的工作场合，应重新评估此电阻下限值，确保人身安全。

附录 D

中国航天科技集团公司标准

FL 1600

Q/QJA 120—2013

航天电子产品防静电系统测试要求

Test requirements for electrostatic discharge protection system of aerospace electronic products

2013－01－31 发布

2013－04－30 实施

中国航天科技集团公司　发布

前　言

本标准由中国航天科技集团公司提出。

本标准由中国航天标准化与产品保证研究院归口。

本标准起草单位：北京东方计量测试研究所。

本标准主要起草人：刘民、张书锋、袁亚飞、冯文武、刘志宏、路润喜、季启政、马志毅、屠治国、王伟、冉茂华。

本标准主要审查人：张烨、杜国江、朱联高、穆元良、谢文捷、华苇、张正龙、雷式松、王志勇。

集团公司标准咨询热线：（010）88108070，（010）88108072。

航天电子产品防静电系统测试要求

1 范围

本标准规定了防静电系统的技术要求、测试条件、测试项目、测试方法、测试结果的处理和测试周期等要求。

本标准适用于静电放电敏感电压不低于人体模型100V的电子产品防静电系统的验收和现场测试、周期测试。敏感电压低于100V的电子产品或易燃易爆场所的防静电系统测试方法可参照执行。

2 规范性引用文件

下列文件中的条款通过本标准的引用而成为本标准的条款。凡是注日期的引用文件，其随后所有的修改单（不包含勘误的内容）或修订版均不适用于本标准，然而，鼓励根据本标准达成协议的各方研究是否使用这些文件的最新版本。凡是不注日期的引用文件，其最新版本适用于本标准。

GB 14050 系统接地的型式及安全要求

Q/QJA 118—2013 航天电子产品静电防护管理体系要求

Q/QJA 119—2013 航天电子产品静电防护技术要求

Q/QJA 121—2013 航天电子产品防静电离子风机检测方法

Q/QJA 122—2013 航天电子产品防静电屏蔽包装袋检测方法

3 术语和定义

Q/QJA 118—2013 和 Q/QJA 119—2013 确立的以及下列术语和定义适用

于本标准。

3.1 防静电系统 electrostatic discharge protection system

为防止有害的静电场和静电放电而专门设计或配置的系统。一般由地线、接地点、地板、地垫、工作台、工作椅、防静电移动设备（小车）、防静电腕带、防静电手套（指套）、防静电鞋、脚跟带、防静电鞋套、防静电服、储物器具、包装袋（箱、盒）、防静电离子风机以及人员等组成的系统。

3.2 静电泄漏电阻 electrostatic release resistance

在一定的电压下，防静电物体表面对接地点的电阻。

3.3 静电接地点 electrostatic discharge grounding point

为泄放静电电荷或平衡静电电位提供的接地点，可选用保护接地线、功能地、公共连接点作为静电接地点。

3.4 静电放电屏蔽 electrostatic discharge shield

限制由于静电放电产生的电磁场耦合能量所采取的屏蔽。

4 技术要求

4.1 接地/等电位连接

4.1.1 保护接地

保护接地应符合下列要求之一：

a）作为静电接地点的保护接地线与电源配电箱地线的母线之间的电阻应小于 1 Ω（交流阻抗）；

b）作为静电接地点的保护接地线应与接地网可靠连接，到大地的接地电阻应符合供配电系统保护地的接地电阻要求。

4.1.2 功能地

作为静电接地点的功能地与保护接地线之间电阻应小于 25 Ω。

4.1.3　等电位连接

在没有接大地的条件时，防静电系统各部分与公共连接点的电阻应小于 1×10^9 Ω。

4.1.4　接地线连接

防静电系统中固定接地的线路应采用可靠的连接工艺，其中独立的设备、设施应单独与地线的母线及母线延长线连接，不应相互串联后再接地线，应符合 Q/QJA 119—2013 中 5.1.2 和 5.1.3 的规定。

4.2　防静电台面、隔板、货架

4.2.1　防静电台面、隔板、货架应符合如下要求：

a）防静电台面、隔板、货架表面任意点对接地点电阻应在 1×10^5 Ω～1×10^9 Ω 之间；

b）防静电台面、隔板、货架表面任意点对点电阻应在 1×10^5 Ω～1×10^9 Ω 之间。

4.2.2　下限电阻（1×10^5 Ω）是在 440 V 及以下供电系统中，预防触电、漏电和短路等安全防护的基本要求。在无电源、电池和裸露电力线存在的情况下，例如，储物柜、存放架、小车、梯子等，仅为防止静电放电时产生过大电流，下限电阻应大于 1×10^4 Ω。

4.3　防静电地面

防静电地面应符合如下要求：

a）通过防静电鞋或脚跟带与防静电地面构成的防静电系统，防静电地面任意点对接地点电阻应在 1×10^4 Ω～1×10^9 Ω 之间；并且人员穿着满足要求的防静电鞋在地面走动时，人体电压应小于 100 V。

b）防静电地面任意点对点电阻应在 1×10^4 Ω～1×10^9 Ω 之间。

4.4　防静电腕带

4.4.1　防静电腕带验收测试和周期测试时，应符合如下要求：

a）防静电腕带套内表面任意点与电缆扣之间电阻应小于 1×10^{5} Ω；

b）防静电腕带套外表面任意点与腕带接地插接头（夹）之间电阻应大于 1×10^{7} Ω；

c）防静电腕带电缆扣与腕带导线的接地插接头（夹）之间电阻在（0.8～1.2）$\times10^{6}$ Ω之间。

4.4.2　防静电腕带现场测试时，应符合如下要求：

a）防静电腕带在正确佩戴情况下，仅通过腕带，人体对接地点的电阻应在 7.5×10^{5} Ω～3.5×10^{7} Ω之间；

b）防静电腕带接地插接头（夹）插入接地点插孔后，或夹住接地点后，其最小拔出力应大于1.5 N。

4.5　防静电手套、指套

4.5.1　防静电手套、指套验收测试和周期测试时，防静电手套、指套内表面与外表面任意点之间电阻应在 1×10^{5} Ω～1×10^{9} Ω之间。

4.5.2　防静电手套、指套现场测试时，人员正确佩戴防静电腕带和被测手套、指套情况下，手套或指套外表面与静电接地点之间电阻在 1×10^{5} Ω～1×10^{9} Ω之间；或手套、指套外表面与人体之间电阻在 1×10^{5} Ω～1×10^{9} Ω之间。

4.6　防静电鞋、脚跟带、防静电鞋套

4.6.1　防静电鞋验收测试和周期测试时，应符合如下要求：

a）导电鞋的鞋内底面与鞋底之间的电阻应小于 1×10^{5} Ω；

b）防静电鞋的鞋内底面与鞋底之间的电阻应在 1×10^{5} Ω～1×10^{8} Ω之间；

c）防静电脚跟带、防静电鞋套底面与导电带的电阻应在 1×10^{5} Ω～1×10^{8} Ω之间。

4.6.2　防静电鞋现场测试时，在防静电鞋、脚跟带、防静电鞋套正确穿着情况下，仅通过防静电鞋、脚跟带、防静电鞋套，人体对鞋底面的静电泄漏电阻应在 1×10^{5} Ω～1×10^{8} Ω之间。

4.7　防静电服、帽

防静电服、帽其各自各部分之间应存在着电连续性，尤其接缝两边和平行条纹之间应有一致的电连接。防静电服的设计应能保持其在穿着状态下与人体皮肤直接或间接接触，必要时其上可设置专门的接地点，通过导线接地。防静电服、帽在测试电压小于等于100 V情况下，应满足下列条件之一：

a）防静电服、帽各自任意两点之间的电阻在1×10^{5} Ω～1×10^{10} Ω之间；

b）防静电服在正常穿戴好以后，人体与防静电服表面任意点之间电阻在1×10^{5} Ω～1×10^{10} Ω之间；

c）可接地的防静电服任意点对接地点之间的电阻在1×10^{5} Ω～1×10^{9} Ω之间；

d）对于利用防静电服作为防静电腕带的接地途径的情况，人体、防静电服和接地线在内的总电阻应小于3.5×10^{7} Ω。

4.8　防静电椅

防静电椅应符合如下要求：

a）有接地装置的椅，其座位表面、扶手和靠背与接地点之间的电阻应在1×10^{5} Ω～1×10^{9} Ω之间；

b）无固定接地装置的防静电椅，其座位表面、扶手和靠背与所承载地面之间的电阻在1×10^{5} Ω～1×10^{9} Ω之间。

4.9　防静电移动设备（小车）

防静电移动设备（小车）应符合如下要求：

a）有接地装置的防静电移动设备（小车），其工作表面与接地点之间的电阻在1×10^{5} Ω～1×10^{9} Ω之间；

b）无固定接地装置的防静电移动设备（小车），其工作表面与所承载地面之间的电阻在1×10^{5} Ω～1×10^{9} Ω之间。

4.10　防静电包装

防静电包装包括包装袋、运输箱、转运盒以及集成电路包装管等，应符合如下要求：

a）在防静电工作区内，防静电包装的外表面应能够通过与地面、桌面、储物柜等表面接触而连接到接地点，放置在防静电工作台或地面上的包装，其内、外表面任意点与接地点之间的电阻小于 1×10^{10} Ω，与静电敏感电子产品直接接触的表面，点对点电阻在 1×10^{3} Ω～1×10^{10} Ω 之间。

b）离开防静电工作区时，防静电包装应能够对其内的物品进行静电放电屏蔽，同时满足 4.10a）的要求外，还应满足当人体放电模型 1 000 V 直接放电施加到屏蔽包装袋外部一对平行电极板上时，屏蔽包装袋内部的一对感应电极之间串联 500 Ω 电阻时，感应电流产生的电能量不大于 50 nJ，详细检测装置见 Q/QJA 122—2013。静电放电屏蔽包装应能全部包覆被保护物品，并有连续的电连接。

c）对于不与静电敏感电子产品直接接触的减震或填充材料，表面与其他物体相互摩擦或自身摩擦时应不易起电，表面点对点电阻小于 1×10^{12} Ω。

4.11　防静电离子风机

在防静电离子风机有效工作空间内，应符合如下要求：

a）从 1 000 V 到 100 V 的正向衰变时间，和从－1 000 V 到－100 V 的负向衰变时间，均不大于 20 s；

b）残余电压应不超过±50 V。

4.12　防静电工具

防静电工具应符合如下要求：

a）防静电工作区内使用的工具，包括金属工具及其手柄，在人体做好防静电措施，手持工具的情况下，工具的操作面（或与静电敏感电子产品接触的表面）对接地点的电阻小于 1×10^{9} Ω。

b）新购的防静电电烙铁、有源剥线器，其外露金属对地的电阻应小于2 Ω。使用中的电烙铁头对地电阻应小于20 Ω。

5　测试条件

5.1　环境条件

5.1.1　环境温度：周期测试为16～28 ℃；验收测试为5～35 ℃。

5.1.2　使用中检查和周期测试时相对湿度不大于60%（若现场实际条件不能满足，应选择其工作期间最干燥的时段测试，并缩短测试周期）；验收测试时分别在相对湿度12%±3%（若现场验收环境不可能达到，应在其最干燥条件下验收，但不应超过30%）和50%±5%两种条件下测试。对于产品有明确测试标准的，应优先考虑其相应测试条件。

5.1.3　有接大地装置。

5.1.4　被测物表面应清洁无尘；地面和桌面验收前，被测表面不应有防静电涂料、降阻剂。

5.1.5　验收前在相应湿度条件下分别放置48 h。

5.2　测试用设备

5.2.1　测试所用的仪器设备应经过计量技术机构检定合格（或校准），满足测试使用要求，并在有效期内。

5.2.2　测试用主要设备如下：

a）防静电电阻测试仪：

1）开路测量电压：10 V与100 V，允许误差极限不超过±10%；

2）阻值测量范围1×10^3 Ω～1×10^{11} Ω，允许误差极限不超过±10%；

3）当被测电阻在1×10^5 Ω～1×10^{11} Ω之间时，可选择100 V测量电压；

4）当被测电阻小于1×10^5 Ω时，可选择10 V测量电压。

b）接地电阻测量仪：测量范围 0.1～100 Ω，允许误差极限不超过±5%；

c）高阻表：开路测量电压 100 V，测量范围 1×10^{6} Ω～1×10^{13} Ω，允许误差极限不超过±20%；

d）防静电腕带测试仪：

1）低（Low、红色）指示的阻值范围：<7.5×10^{5} Ω；允许误差极限不超过±5%；

2）通过（Pass、绿色）指示的阻值范围：7.5×10^{5} Ω～3.5×10^{7} Ω；允许误差极限不超过±5%；

3）高（High、黄色）指示的阻值范围：>3.5×10^{7} Ω，允许误差极限不超过±5%。

e）防静电鞋测试仪：

1）低（Low、红色）指示的阻值范围：<1.0×10^{5} Ω，允许误差极限不超过±5%；

2）通过（Pass、绿色）指示的阻值范围：1.0×10^{5} Ω～1.0×10^{8} Ω，允许误差极限不超过±5%；

3）高（High、黄色）指示的阻值范围：>1.0×10^{8} Ω，允许误差极限不超过±5%。

f）防静电服测试仪：

1）低（Low、红色）指示的阻值范围：<1.0×10^{5} Ω，允许误差极限不超过±5%；

2）通过（Pass、绿色）指示的阻值范围：1.0×10^{5} Ω～1.0×10^{10} Ω，允许误差极限不超过±5%（下限电阻），±25%（上限电阻）；

3）高（High、黄色）指示的阻值范围：>1.0×10^{10} Ω，允许误差极限不超过±25%。

g）防静电手套、指套测试仪：

1）低（Low、红色）指示的阻值范围：<1.0×10^{5} Ω，允许误差极

限不超过±5%；

2）通过（Pass、绿色）指示的阻值范围：1.0×10^{5} Ω～1.0×10^{9} Ω，允许误差极限不超过±5%；

3）高（High、黄色）指示的阻值范围：>1.0×10^{9} Ω，允许误差极限不超过±5%。

h）数字多用表：测量范围 0.1 Ω～100 MΩ，允许误差极限不超过±5%；

i）表面测试电极：重 2.3 kg±0.3 kg，接触表面圆形直径 50～64 mm，导电橡胶总电阻不超过 1 000 Ω；

j）1.5 N 专用砝码和滑轮；

k）相对湿度表：测量范围 10%～80%，允许误差极限不超过±5%；

l）温度表：测量范围 5～35℃，允许误差极限不超过±1℃；

m）非接触式静电电压表：测量范围－2 000 V～＋2 000 V，允许误差极限不超过±（10%×读数＋10）V。

6 测试项目

防静电系统测试项目有：

a）接地/等电位连接；

b）防静电台面、隔板、货架；

c）防静电地面；

d）防静电腕带；

e）防静电手套、指套；

f）防静电鞋、脚跟带、防静电鞋套；

g）防静电服、帽；

h）防静电椅；

i）防静电移动设备（小车）；

j）防静电包装；

k）防静电离子风机；

l）防静电工具。

7 测试方法

7.1 接地/等电位连接测试方法

7.1.1 保护接地线的接地

保护接地线的接地电阻测试方法可选下列方法之一：

a）交流设备供电电源的配电柜中保护接地应符合 GB 14050 规定的接地要求。以电源配电柜中的保护地为参考点，用接地电阻测量仪，采用两线法测量用作静电接地点的保护接地端到该参考点之间的交流电阻；或者使用数字多用表直流电阻测量功能，测量者两点之间的电阻，数字多用表的表笔交换测量，取交换前后的两次测量读数的平均值。阻值应满足 4.1.1 a）的要求。

b）用接地电阻测量仪，对用作静电接地点的保护接地端到大地的接地电阻进行测量，接地电阻应满足 4.1.1 b）的要求。

7.1.2 功能地

7.1.2.1 若功能地与保护接地线有金属电连接，或共用一个接地网，则使用数字多用表直流电阻测量功能，测量功能地与保护接地线之间的电阻，数字多用表的表笔交换测量，取交换前后的两次测量读数的平均值。

7.1.2.2 若功能地与保护接地线没有金属电连接，或分别使用独立接地网，则使用接地电阻测量仪，测量功能地与保护接地线之间的电阻。

7.1.2.3 如测试线长度不够，应增加延长测试线，然后从测试结果中减去所增加的测试线的电阻。

7.1.2.4 功能地电阻应满足 4.1.2 的要求。

7.1.3 等电位连接

用数字多用表直流电阻测量功能，测量防静电系统各部分的接地点到公共连接点的电阻，公共连接电阻应满足 4.1.3 的要求。若阻值超过数字多用表量程，换用防静电电阻测量仪进行测量。

7.1.4 接地线连接

目视检查固定设备、设施的接地线，必要时揭开地线连接部位的绝缘包围物，检查后恢复绝缘防护。固定设备、设施的接地线连接型式和工艺应符合 4.1.4 的要求。

7.2 防静电台面、隔板、货架测试方法

7.2.1 测试点选取原则

防静电台面、隔板、货架的表面选取测试点的原则如下：

a）静电泄放特性均匀的表面，以阵列方式选取，相邻两点间隔大于 0.1 m，选点应距离边缘 0.1 m 以上，台面至少选择中心和四角等五点；

b）验收测试时，相邻两点不大于 1 m；

c）认为可疑的表面，应增加测试点。

7.2.2 静电泄漏电阻测试

使用防静电电阻测试仪，测量静电泄漏电阻时应用两条测试线和一个表面测试电极，引一条测试线与接地点连接，另一条测试线连接表面测试电极，表面测试电极放置在被测点上，测试仪读数应满足 4.2.1a）的要求。防静电台面、隔板、货架的静电泄漏电阻测试示意图见图 1。

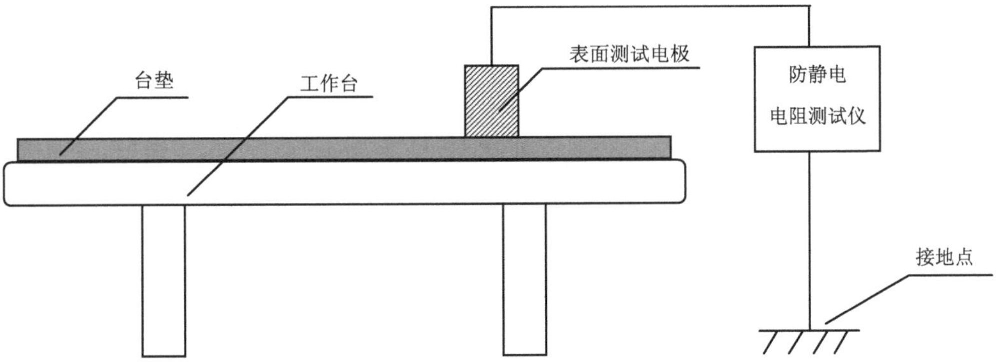

图 1 防静电台面、隔板、货架的静电泄漏电阻测试示意图

7.2.3　点对点电阻测试

使用防静电电阻测试仪，测量任意点对点电阻时，用两条测试线和两个表面测试电极，两条测试线分别连接两个表面测试电极，表面测试电极放置在被测表面，两电极之间距离不小于 0.1 m，测试仪读数应满足 4.2.1b）或 4.2.2 的要求。防静电台面、隔板、货架点对点电阻测试示意图见图 2。

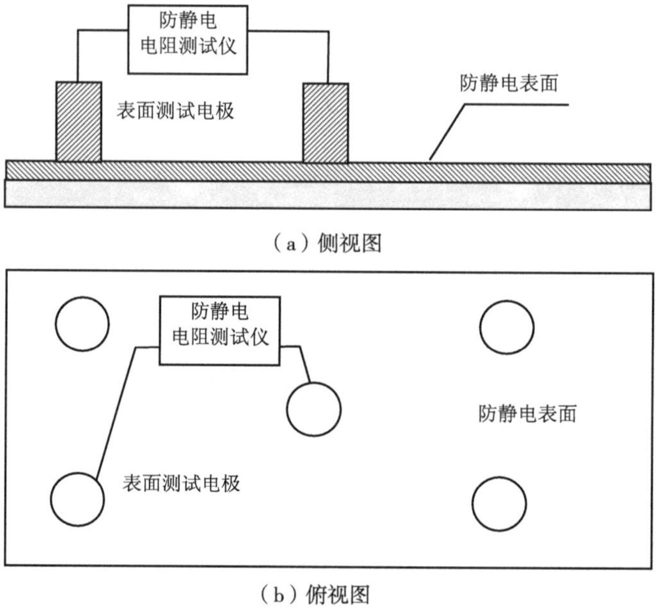

图 2　防静电台面、隔板、货架点对点电阻测试示意图

7.3　防静电地面测试方法

7.3.1　测试点选取原则

防静电地面选取测试点的原则如下：

a）静电泄放特性均匀的表面，以阵列方式选取，相邻两点间隔大于 0.1 m；对于活动地板块，选点应距离边缘 0.1 m 以上；

b）验收测试时，相邻两点不大于 1 m；

c）认为可疑的表面，应增加测试点。

7.3.2　静电泄漏电阻测试

使用防静电电阻测试仪，测量静电泄漏电阻时，用两条测试线和一个表面测试电极，一条测试线与接地点连接，另一条测试线连接表面测试电极，表面测试电极放置在被测点上，测试仪读数应满足4.3a）的要求。防静电地面测试示意图见图3。

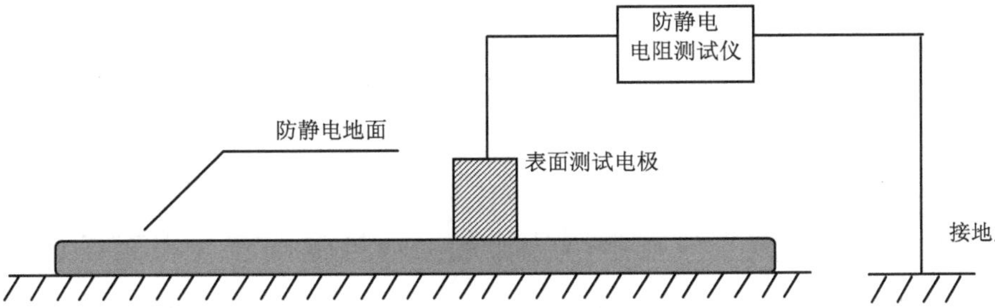

图3　防静电地面测试示意图

7.3.3　点对点电阻测试

测试方法见7.2.3，测试结果应满足4.3b）的要求。

7.3.4　静电电压测试

使用非接触式静电电压表或静电电场表，当被测人员活动或操作时，对人员的服装、正在使用的工具和操作范围内其他物体表面的静电电压进行测量。测量仪读数前应按说明书要求进行清零操作，测量仪不能接触被测表面，并保持说明书要求的测试距离。在现场抽样五次，取平均值，应符合4.3a）的规定。

7.4　防静电腕带测试方法

7.4.1　防静电腕带验收测试和周期测试

7.4.1.1　用数字多用表直流电阻测量功能，测量腕带套内表面任意点与腕带金属连接器之间的电阻，其读数应满足4.4.1a）的要求。防静电腕带测试示意图见图4。

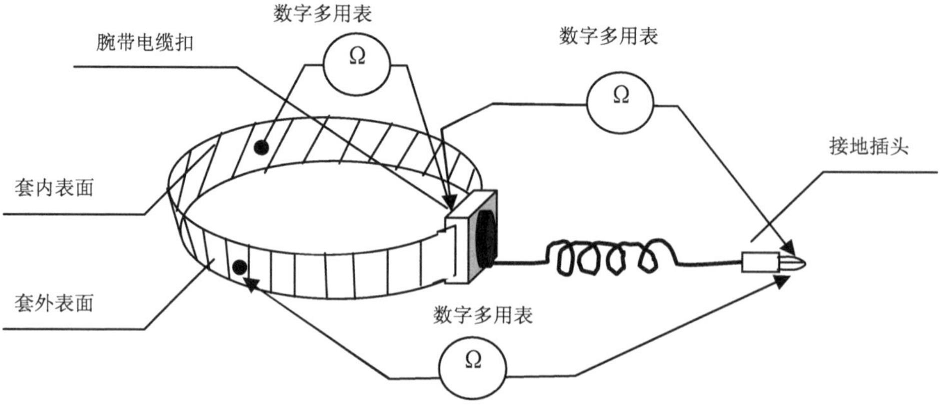

图 4　防静电腕带测试示意图

7.4.1.2　用数字多用表直流电阻测量功能，测量腕带套外表面任意点与腕带导线的接地插头（夹）之间的电阻。有两个独立接地线路的腕带，应将独立线路两端分别并联后测量。其读数应满足 4.4.1b）的要求。

7.4.1.3　用数字多用表直流电阻测量功能，测量腕带金属连接器与腕带导线的接地插接头（夹）之间电阻应满足 4.4.1c）要求。

7.4.2　防静电腕带现场测试

7.4.2.1　将腕带戴在手腕上调整适合的松紧，腕带接地引线连接防静电腕带测试仪，用手指按住手触电极，指示应满足 4.4.2a）的要求。防静电腕带现场测试示意图见图 5。

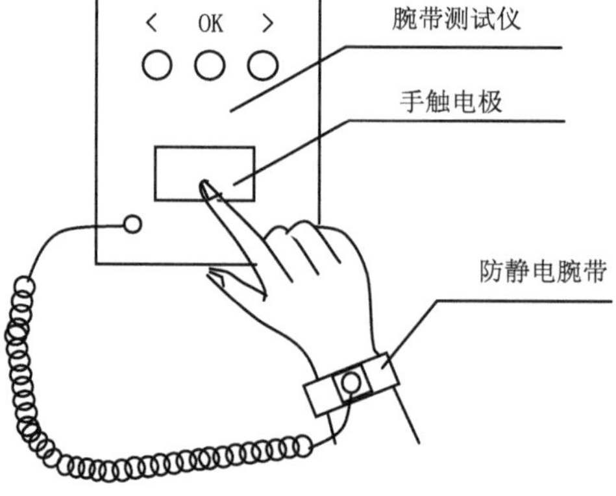

图 5　防静电腕带现场测试示意图

7.4.2.2 将腕带接地插头插入工作中使用的接地插孔，或者用腕带接地夹夹住工作中使用的接地端钮，用1.5 N专用砝码和滑轮施加拔出力腕带插头或夹子不应从接地插孔或端钮中拔出，应满足4.4.2b）的要求。腕带接地插头拔出力测量示意图见图6。

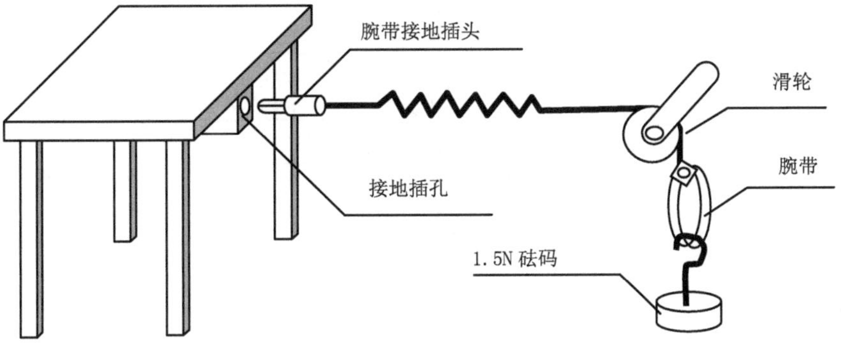

图6 腕带接地插头拔出力测量示意图

7.5 防静电手套、指套测试方法

7.5.1 防静电手套、指套验收测试和周期测试

将手套或指套放在点对点电阻大于1×10^{13} Ω的绝缘台面上，用尺寸适合的条状金属板（约20 mm×200 mm），一端插入手套或指套内的手指部位，另一端露出。将防静电电阻测试仪的两个表面测试电极分别压在金属板两端上，使一个表面测试电极直接接触被测手指部位的外表面，另一个接触金属板。测量两个表面测试电极之间的电阻；每个手指部位分别测试，应满足4.5.1的要求；防静电手套、指套测试示意图见图7。

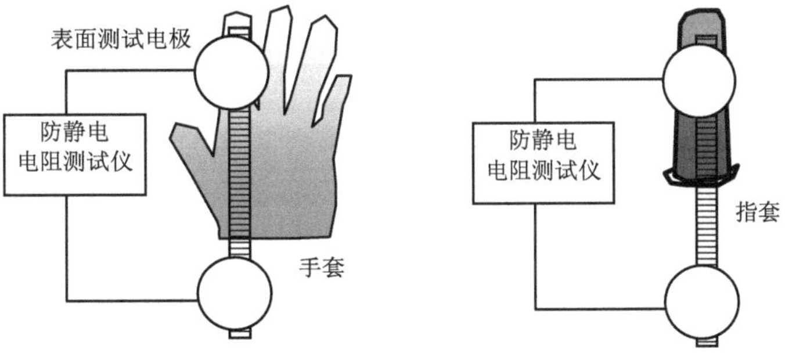

图7 防静电手套、指套测试示意图

7.5.2　防静电手套、指套现场测试

使用防静电手套、指套测试仪，用裸露的其他手指按住手套、指套测试仪的接地电极，用被测手套或指套外表面按住手触电极，指示应满足 4.5.2 的要求。防静电手套、指套现场测试示意图见图 8。

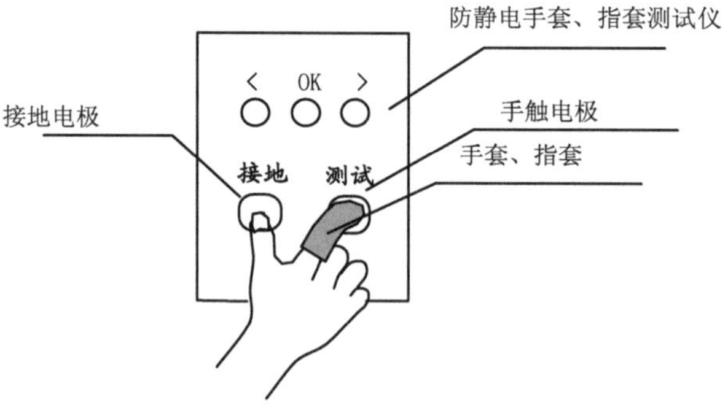

图 8　防静电手套、指套现场测试示意图

7.6　防静电鞋、脚跟带、防静电鞋套测试方法

7.6.1　防静电鞋验收测试和周期测试

7.6.1.1　使用防静电电阻测试仪，对于导电鞋，设置 10V 测试电压，对于防静电鞋设置 100V 测试电压；将表面测试电极放置到鞋内与鞋内底面紧密接触（如不能有效接触鞋内底面，可使用导电的金属球或链子等增加鞋底面与测试电极的电连接），将鞋底足跟部放置在一个金属导电板上，将另一个表面测试电极也放置在该金属导电板上；用防静电电阻测试仪测量两个表面测试电极之间的电阻；导电鞋应满足 4.6.1a）的要求；防静电鞋应满足 4.6.1b）的要求。防静电鞋、导电鞋测试示意图见图 9。

7.6.1.2　用数字多用表直流电阻测量功能或用防静电电阻测试仪，测量防静电脚跟带、防静电鞋套底面与导电带之间的电阻，应满足 4.6.1c）的要求。

7.6.2　防静电鞋现场测试

现场测试时，使用防静电鞋测试仪，人穿着好防静电鞋或脚跟带、防静电鞋套，站立于防静电鞋测试仪的金属地面电极上，用手指按住测试仪手触电

极。测试仪指示应满足 4.6.2 的要求。防静电鞋现场测试示意图见图 10。

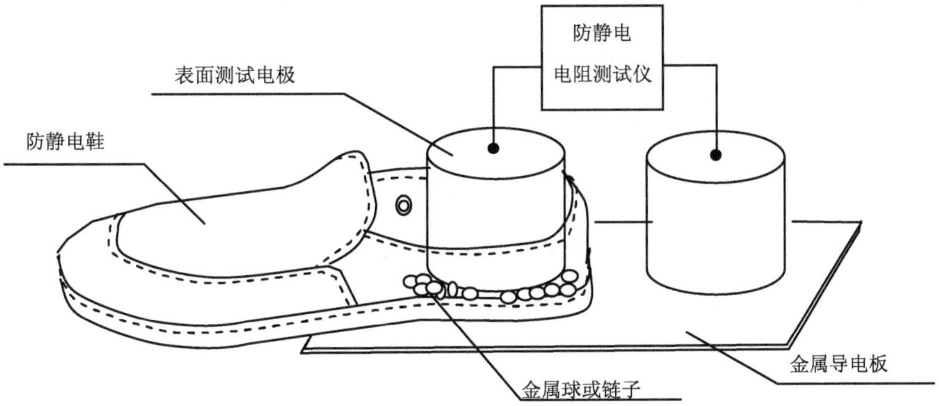

图 9 防静电鞋、导电鞋测试示意图

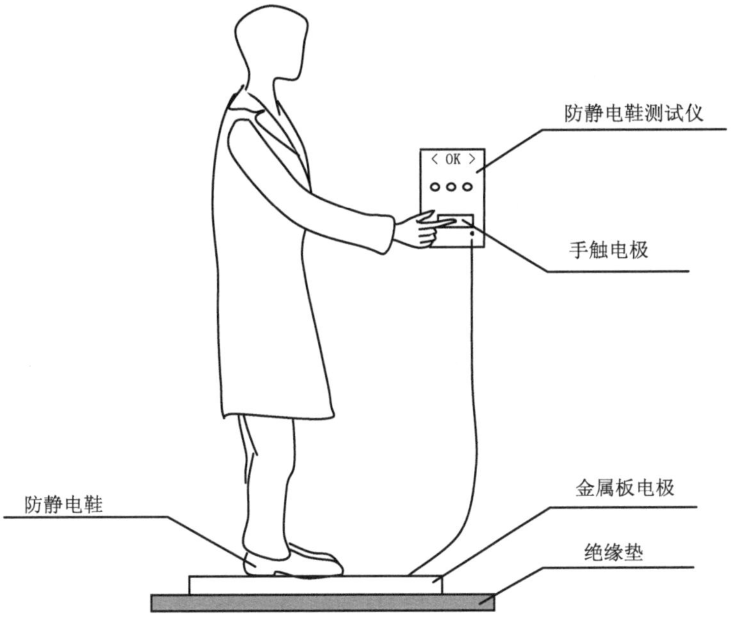

图 10 防静电鞋现场测试示意图

7.7 防静电服测试方法

7.7.1 当点对点电阻大于 1×10^{11} Ω 时，使用高阻表，选择 100 V 测量电压；当点对点电阻在 1×10^{5} Ω～1×10^{11} Ω 之间时，使用防静电电阻测试仪，选择 100 V 测量电压；当点对点电阻小于 1×10^{5} Ω 时，使用防静电电阻测试仪，选择 10 V 测量电压。

7.7.2　验收测试和周期测试：

a）无固定接地点防静电服：将防静电服平铺在任意点对点表面电阻大于 1×10^{13} Ω 的台面上，用防静电电阻测试仪（或高阻表）和两个表面测试电极测量两个袖子之间、袖子与前胸之间、前胸与前兜部外表面之间的点对点电阻，两点之间应间隔服装接缝和平行条纹，应满足 4.7a）的要求，无固定接地点防静电服测试示意图见图 11；

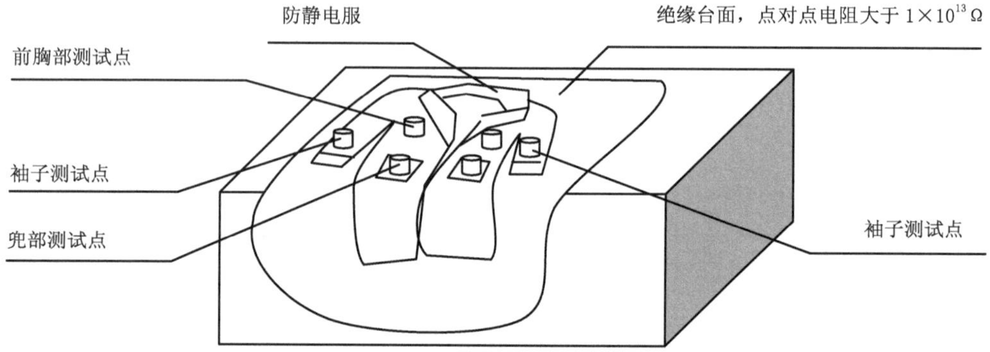

图 11　防静电服（无固定接地点）测试示意图

b）可接地防静电服：将防静电服平铺在表面电阻大于 1×10^{13} Ω 的台面上，用防静电电阻测试仪和一个表面测试电极测量每个袖子与接地点之间、前胸与接地点之间、每个兜部的外表面与接地点之间的点对点电阻，应满足 4.7b）的要求。可接地防静电服测试示意图见图 12。

7.7.3　现场测试：

a）无固定接地点防静电服：人穿着好防静电服，站立于防静电服测试仪前，使身体或肘部将防静电服外表面与防静电服测试仪的接触电极压紧接触，用手指按住测试仪手触电极，测试时间大于 5 s，测试仪指示应满足 4.7c）的要求，防静电服现场测试示意图见图 13；

b）可接地防静电服：现场测试方法与腕带现场测试方法相同，见 7.4.2，测试结果应满足 4.6d）的要求。

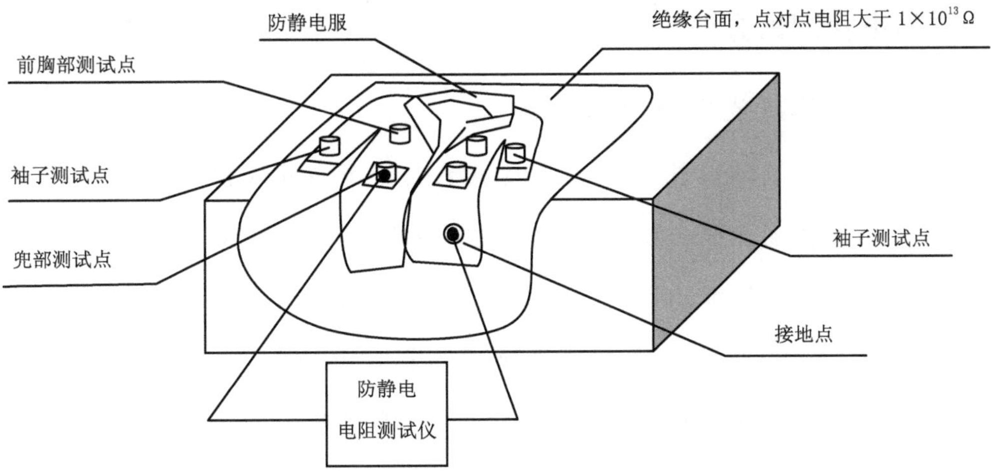

图 12　可接地防静电服测试示意图

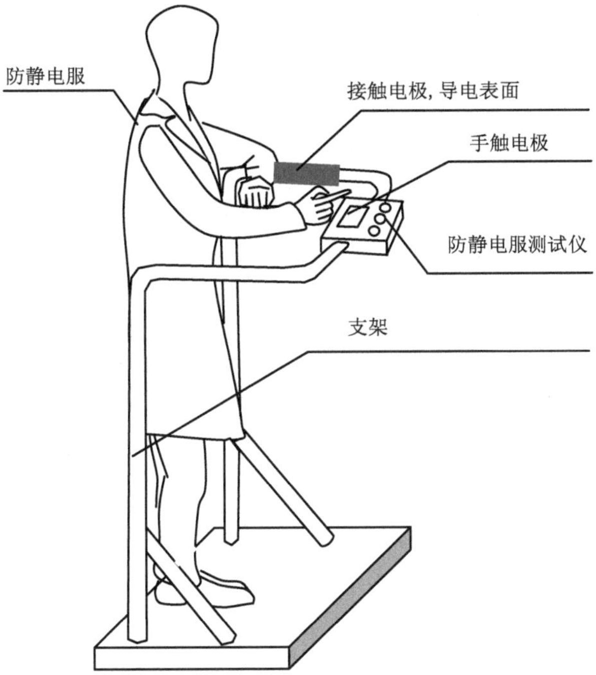

图 13　防静电服现场测试示意图

7.7.4　防静电帽测试方法按 7.7.2 的规定。

7.8　防静电椅测试方法

7.8.1　有固定接地装置的防静电椅

用防静电电阻测试仪和一个表面测试电极，将表面测试电极放置在椅子座位上表面，测量表面测试电极与接地点之间的电阻。再将双手戴上绝缘手套或相同效果的绝缘物（绝缘电阻大于 1×10^{13} Ω），用一只手托住表面测试电极按压在椅子靠背上，如果另一只手接触椅子的其它部位，也应与椅子绝缘隔离，测量表面测试电极与接地点之间的电阻，两次测量均应满足 4.8a）的要求。

7.8.2　无固定接地装置的防静电椅

用防静电电阻测试仪和两个表面测试电极以及一个导电的金属平板，将一个表面测试电极放置在椅子座位表面，另一个表面测试电极放置在地面的金属平板上，再将椅子的一支腿或一个轮子压在该金属平板上，用防静电电阻测量仪测量两个表面测试电极之间的电阻。再将双手戴上绝缘手套或相同效果的绝缘物（绝缘电阻大于 1×10^{13} Ω），用一只手托住一个表面测试电极按压在椅子靠背上，如果另一只手接触椅子的其它部位，也应与椅子绝缘隔离，测量该表面测试电极与金属板上的测试电极之间的电阻。两次测量均应满足 4.8b）的要求。无固定接地装置的防静电椅子测试示意图见图 14。

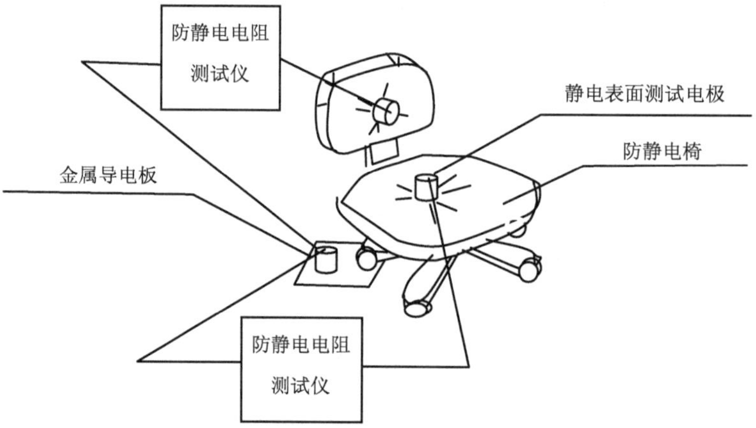

图 14　无固定接地装置的防静电椅测试示意图

7.9 防静电移动设备（小车）表面测试方法

7.9.1 对于有固定接地装置的防静电移动设备表面，用防静电电阻测试仪和一个表面测试电极，将表面测试电极放置在被测表面上，测量表面测试电极与接地点之间的电阻，应满足4.9a）的要求。

7.9.2 对于无固定接地装置的防静电移动设备表面，用防静电电阻测试仪和两个表面测试电极以及一个导电金属板，将一个表面测试电极放置在被测表面，另一个表面测试电极放置在地面的金属平板上，再将防静电移动设备（小车）的一个轮子压在该金属平板上，用静电表面电阻测量仪测量两个表面测试电极之间的电阻，应满足4.9b）的要求。

7.10 防静电包装测试方法

7.10.1 静电放电屏蔽形式的包装袋测试方法见Q/QJA 122—2013。

7.10.2 静电耗散材料的非屏蔽包装袋、箱、盒测试方法如下：

a）防静电包装的静电泄漏电阻测试方法：使用防静电电阻测试仪和两个表面测试电极以及一张导电金属板，将表面测试电极放置到防静电包装表面紧密接触，将一个金属导电板上衬垫在防静电包装的底部，将另一个表面测试电极放置在该金属导电板上，不直接接触被测材料，用防静电电阻测试仪，设置100 V测试电压，测量两个表面测试电极之间的电阻，应满足4.10a）对静电泄漏电阻的要求；

b）防静电周转容器的点对点电阻测试方法：当点对点电阻大于1×10^{12} Ω时，使用高阻表，选择100 V测量电压，测试时间应大于15 s；当点对点电阻在1×10^{5} Ω～1×10^{11} Ω之间时，使用防静电电阻测试仪，选择100 V测量电压；当点对点电阻小于1×10^{5} Ω时，使用防静电电阻测试仪，选择10 V测量电压，测试电极可按被测包装形状设计，推荐使用5.2.2i）规定的表面测试电极；测试同一侧表面时，被测件应该放置到表面电阻大于1×10^{13} Ω的绝缘表面上，两测试电极之间距离不小于50 mm，测量两个表面测试电极之间的电阻，应满足 4.10a)、4.10c) 对点对点电阻的要求；

c) 验收测试时，应按 5.1.2 环境相对湿度的要求；

d) 如果必须破坏被测包装，只对同类产品进行抽样测试。

7.11　防静电离子风机测试方法

防静电离子风机测试方法按 Q/QJA 121—2013。

7.12　防静电工具测试方法

7.12.1　在人体防静电措施有效并手持工具的情况下，利用人体接地途径，用数字多用表测量工具操作表面（或与电子产品接触的表面）与接地点之间的电阻应满足 4.12a) 的要求。

7.12.2　用数字多用表测量电烙铁或有源剥线器外露金属部位与电源插头地线插销之间的电阻，应小于 2 Ω，在电烙铁通电加热状态，使用数字多用表测量烙铁头与保护地线之间的电阻，应小于 20 Ω。

8　测试结果的处理和测试周期

8.1　测试报告

8.1.1　每一测试项目，应有相应的原始记录并出具测试报告，测试点位置应有明确的图文信息，测试数据与测试点应正确对应。

8.1.2　对于固定安装的防静电表面（如地面、台面、隔板和货架），应在原始记录，应用等比例示意图标注所选择的测试点。

8.2　测试周期

8.2.1　EPA 内防静电器材、设施和工具测试周期见表 1 。当测试条件不满足 5.1 的要求时，应当考虑缩短间隔时间。

8.2.2　防静电鞋、防静电腕带、防静电服在使用前应进行现场测试。

表1　EPA内防静电器材、设施和工具测试周期

项目要求		测试周期				
		连续	每次	每月	半年	一年
工作台、垫	接地情况	—	—	●	—	—
	对地电阻	—	—	—	—	●
佩戴腕带情况下人体对地连接		—	●	—	—	—
穿着鞋、袜情况下人体对地连接		—	●	—	—	—
工作凳、椅对地电阻[a]		—	—	—	●	—
地板、地垫	接地连接	—	—	●	—	—
	对地电阻	—	—	—	—	●
离子风机性能[a]		—	—	—	—	●
移动设备(手推车、搬运车、吊车等)表面对地电阻[a]		—	—	—	●	—
静电接地系统[b]	连续性、完整性	—	—	●	—	—
	公共接地点对电源保护地电阻	—	—	●	—	—
	交流设备导体阻抗[a]	—	—	—	—	●
	专用地线接地电阻	—	—	—	—	●
(连续)静电监测仪	工作状况	—	●	—	—	—
	技术性能[a]	—	—	—	—	●
防静电服	个人着装情况	—	●	—	—	—
	点对点电阻或对地电阻	—	—	●	—	—
周转容器表面点对点电阻		—	—	—	—	●
防静电屏蔽包装		—	●	—	—	—
电烙铁接地电阻		—	●	—	—	—
储存架对地电阻		—	—	—	—	●
环境温度、相对湿度[c]		●	—	—	—	—

注:●表示必选;—表示不要求。

a 需要某种形式的测试标识,如标签、标牌或记录表格等。

b EPA接地电阻(接地体与大地间的电阻)应每年测试一次。

c EPA温度、相对湿度没有条件实现连续记录的,可每日定时记录。

参考文献

［1］ 中华人民共和国应急管理部．防护服装 防静电服：GB 12014—2019［S］．北京：中国标准出版社，2019.

［2］ 国家安全生产监督管理局．防止静电事故通用导则：GB 12158—2006［S］．北京：中国标准出版社，2006.

［3］ 中华人民共和国住房和城乡建设部．建筑电气工程施工质量验收规范：GB 50303—2015［S］．北京：中国建筑工业出版社，2015.

［4］ 中华人民共和国住房和城乡建设部．电子工程防静电设计规范：GB 50611—2010［S］．北京：中国计划出版社，2011.

［5］ 中华人民共和国住房和城乡建设部．防静电工程施工与质量验收规范：GB 50944—2013［S］．北京：中国计划出版社，2014.

［6］ 全国统计方法应用标准化技术委员会．计数抽样检验程序第1部分：按接收质量限（AQL）检索的逐批检验抽样计划：GB/T 2828.1—2012［S］．北京：中国标准出版社，2013.

［7］ 全国半导体器件标准化技术委员会．半导体器件-机械和气候试验方法-第26部分：静电放电（ESD）敏感度测试 人体模型（HBM）：GB/T 4937.26—2023［S］．北京：中国标准出版社，2023.

［8］ 全国电气安全标准化技术委员会．静电安全术语：GB/T 15463-2018［S］．北京：中国标准出版社，2018.

［9］ 全国电磁兼容标准化技术委员会．电磁兼容 试验和测量技术 静电放电抗扰度试验：GB/T 17626.2—2018［S］．北京：中国标准出版社，2018.

［10］ 全国工业过程测量和控制标准化技术委员会．基于 Modbus 协议的工业自动化网络

规范 ：GB/T 19582.1—2008 [S]. 北京：中国标准出版社，2008.

[11] 全国纺织品标准化技术委员会．防静电洁净织物：GB/T 24249—2009 [S]. 北京：中国标准出版社，2010.

[12] 全国纺织品标准化技术委员会针织分技术委员会：防静电手套 GB/T 22845—2009 [S]. 北京：中国标准出版社，2009.

[13] 全国建筑卫生陶瓷标准化技术委员会．防静电陶瓷砖：GB/T 26539—2011 [S]. 北京：中国标准出版社，2012.

[14] 全国质量管理和质量保证标准化技术委员会．企业现场管理准则：GB/T 29590—2013 [S]. 北京：中国标准出版社，2013.

[15] 全国个体防护装备标准化技术委员会．防静电工作帽：GB/T 31421—2015 [S]. 北京：中国标准出版社，2015.

[16] 全国宇航技术及其应用标准化技术委员会．航天电子产品静电防护要求：GB/T 32304—2015 [S]. 北京：中国标准出版社，2016.

[17] 全国宇航技术及其应用标准化技术委员会．航天器空间环境术语：GB/T 32452—2015 [S]. 北京：中国标准出版社，2016.

[18] 全国洁净室及相关受控环境标准化技术委员会．洁净室及相关受控环境静电控制技术指南：GB/T 33555—2017 [S]. 北京：中国标准出版社，2017.

[19] 中华人民共和国工业和信息化部．防静电活动地板通用规范：GB/T 36340—2018 [S]. 北京：中国标准出版社，2018.

[20] 全国工业过程测量控制和自动化标准化技术委员会．数字化车间 通用技术要求：GB/T 37393—2019 [S]. 北京：中国标准出版社，2019.

[21] 全国宇航技术及其应用标准化技术委员会．航天器安全防护通用要求：GB/T 37833—2019 [S]. 北京：中国标准出版社，2019.

[22] 中华人民共和国工业和信息化部（电子）．静电学 第 2-1 部分：试验方法 材料和产品静电荷消散能力：GB/T 37977.21—2023 [S]. 北京：中国标准出版社，2023.

[23] 中华人民共和国工业和信息化部（电子）．静电学 第 2-3：部分防静电固体平面材料电阻和电阻率的测试方法：GB/T 37977.23—2019 [S]. 北京：中国标准出版

社，2019.

［24］ 中华人民共和国工业和信息化部（电子）. 静电学 第 3－2 部分：静电效应的模拟方法-机器模型（MM）的静电放电试验波形：GB/T 37977.32—2019［S］. 北京：中国标准出版社，2019.

［25］ 中华人民共和国工业和信息化部（电子）. 静电学 第 5－1 部分：电子器件的静电防护 通用要求：GB/T 37977.51—2023［S］. 北京：中国标准出版社，2023.

［26］ 中华人民共和国工业和信息化部. 智能制造能力成熟度模型：GB/T 39116—2020［S］. 北京：中国标准出版社，2020.

［27］ 中国标准化研究院. 静电防护管理通用要求：GB/T 39587—2020［S］. 北京：中国标准出版社，2020.

［28］ 中国标准化研究院. 静电屏蔽包装袋要求及检测方法：GB/T 39588—2020［S］. 北京：中国标准出版社，2020.

［29］ 全国宇航技术及其应用标准化技术委员会. 航天器多余物预防和控制要求：GB/T 40539—2021［S］. 北京：中国标准出版社，2021.

［30］ 全国工业过程测量控制和自动化标准化技术委员会. 全国信息技术标准化技术委员会. 智能制造 系统架构：GB/T 40647—2021［S］. 北京：中国标准出版社，2021.

［31］ 全国工业过程测量控制和自动化标准化技术委员会. 智能工厂 通用技术要求：GB/T 41255—2022［S］. 北京：中国标准出版社，2022.

［32］ 全国宇航技术及其应用标准化技术委员会. 航天器静电防护通用要求：GB/T 41673—2022［S］. 北京：中国标准出版社，2022.

［33］ 中华人民共和国工业和信息化部（电子）. 静电控制参数实时监控系统通用规范：GB/T 44787—2024［S］. 北京：中国标准出版社，2024.

［34］ 全国电磁计量技术委员会高压计量分技术委员会. 非接触式静电电压测量仪校准规范：JJF 1517—2015［S］. 北京：中国质检出版社，2015.

［35］ 国家国防科技工业局. 充电平板检测仪检定规程：JJG（军工）33—2014［S］. 北京：国家国防科技工业局，2014.

［36］ 国家国防科技工业局. 静电放电参数计量器具等级图：JJG（军工）224—2019

[S]. 北京：国家国防科技工业局，2019.

[37] 中国电子技术标准化研究院．电子产品制造与应用系统防静电测试方法：SJ/T 10694—2022 [S]. 北京：电子工业出版社，2022.

[38] 中国电子技术标准化研究院．防静电贴面板通用技术规范：SJ/T 11236—2020 [S]. 北京：电子工业出版社，2020.

[39] 中国电子技术标准化研究院．离子化静电消除器通用规范：SJ/T 11446—2013 [S]. 北京：电子工业出版社，2013.

[40] 中国电子技术标准化研究院．防静电无尘擦拭布通用规范：SJ/T 11480—2014 [S]. 北京：电子工业出版社，2014.

[41] 中国国防工业企业协会．国防科技工业电子产品静电防护管理体系认证要求：T/NDIE 02001—2023 [S]. 北京：中国国防工业企业协会，2023.

[42] 中国电子仪器行业协会防静电装备分会．电子工业防静电系统通用要求 T/CEIA 1002—2020 [S]. 北京：中国电子仪器行业协会防静电装备分会，2023.

[43] 上海防静电工业协会．热固性防静电粉末涂料通用规范：T/ESD 3008—2021 [S]. 上海：上海防静电工业协会，2021.

[44] 上海防静电工业协会．低摩擦起电电压防静电 PVC 贴面板：T/ESD 3011—2023 [S]. 上海：上海防静电工业协会，2023.

[45] 上海防静电工业协会．热塑性本征静电耗散高分子材料防静电性能要求：T/ESD 3012—2023 [S]. 上海：上海防静电工业协会，2023.

[46] 中国航天标准化与产品保证研究院．航天电子产品静电防护管理体系要求：Q/QJA 118—2013 [S]. 北京：中国航天标准化与产品保证研究院，2013.

[47] 中国航天标准化与产品保证研究院．航天电子产品静电防护技术要求：Q/QJA 119—2013 [S]. 北京：中国航天标准化与产品保证研究院，2013.

[48] 中国航天标准化与产品保证研究院．航天电子产品防静电系统测试要求：Q/QJA 120—2013 [S]. 北京：中国航天标准化与产品保证研究院，2013.

[49] 中国航天标准化与产品保证研究院．航天电子产品防静电离子风机检测方法：Q/QJA 121—2013 [S]. 北京：中国航天标准化与产品保证研究院，2013.

[50] 中国航天标准化与产品保证研究院．航天电子产品防静电屏蔽包装袋检测方法：Q/QJA 122—2013 [S]. 北京：中国航天标准化与产品保证研究院，2013.

[51] 中国航天标准化与产品保证研究院．人体防静电测试仪校准规范：Q/QJA 123—2013 [S]. 北京：中国航天标准化与产品保证研究院，2013.

[52] 中国航天科工集团公司科技质量部．6S 管理评分细则：Q/QJB 153—2008 [S]. 北京：中国航天科工集团公司科技质量部，2008.

[53] 中国空间技术研究院北京空间科技信息研究所．静电防护管理体系要求：Q/W - Q - 90 -13 - 07—2018 [S]. 北京：北京空间科技信息研究所，2018.

[54] 中国空间技术研究院北京空间科技信息研究所．静电防护技术要求：Q/W - Q - 90 - 13 -08—2018 [S]. 北京：北京空间科技信息研究所，2018.

[55] 中国空间技术研究院北京空间科技信息研究所．防静电系统测试要求：Q/W - Q - 90 - 13 - 09—2018 [S]. 北京：北京空间科技信息研究所，2018.

[56] 中国空间技术研究院北京空间科技信息研究所．人体防静电测试仪校准规范：Q/W 1189—2009 [S]. 北京：北京空间科技信息研究所，2009.

[57] 中国空间技术研究院北京空间科技信息研究所．防静电离子风机检测方法：Q/W 1190—2009 [S]. 北京：北京空间科技信息研究所，2009.

[58] 中国空间技术研究院北京空间科技信息研究所．防静电屏蔽包装袋电性能测试方法：Q/W 1304—2011 [S]. 北京：北京空间科技信息研究所，2011.

[59] 中国空间技术研究院北京空间科技信息研究所．航天器总装过程静电防护要求：Q/W 1305—2011 [S]. 北京：北京空间科技信息研究所，2011.

[60] INTERNATIONAL ELECTROTECHNICAL COMMISSION. Electrostatics - Part 5 - 1：Protection of electronic devices from electrostatic phenomena - General requirements：IEC 61340 - 5 - 1. [S]. Switzerland：IEC/TC 101，2016.

[61] American National Standards Institute/ Electrostatic Discharge. For the Development of an Electrostatic Discharge Control Program for Protection of Electrical and Electronic Parts，Assemblies and Equipment（Excluding Electrically Initiated Explosive Devices：ANSI/ESD S20. 20. [S]. America，ANSI，2021.

[62] American National Standards Institute/ Electrostatic Discharge. For Electrostatic Discharge Sensitivity Testing Human Body Model (HBM) Device Level: ANSI/ESDA/JEDEC JS-001 [S]. America, ANSI, 2023.

[63] American National Standards Institute/ Electrostatic Discharge. For Electrostatic Discharge Sensitivity Testing Charged Device Model (CDM) Device Level : ANSI/ESDA/JEDEC JS-002 [S]. America, ANSI, 2014.

[64] American National Standards Institute/ Electrostatic Discharge. For Electrostatic Discharge Sensitivity Testing Transmission Line Pulse (TLP) Device Level : ANSI/ESDA/JEDEC JS-003 [S]. America, ANSI, 2023.

[65] 刘尚合，等．静电放电及危害防护 [M]. 北京：北京邮电大学出版社，2004.

[66] 孙延林．电子工业静电防护指南 [M]. 北京：电子工业出版社，2006.

[67] 谭维炽，等．航天器系统工程 [M]. 北京：中国科学技术出版社，2009.

[68] 袁家军．航天产品工程 [M]. 北京：中国宇航出版社，2010.

[69] 栾恩杰．航天系统工程运行 [M]. 北京：中国宇航出版社，2010.

[70] 杨孟飞．航天企业质量管理成熟度模型 [M]. 北京：中国宇航出版社，2012.

[71] 袁亚飞．电子工业静电防护技术与管理 [M]. 北京：中国宇航出版社，2013.

[72] 中国航天科技集团有限公司．航天质量管理基础（航天质量技术丛书）[M]. 北京：中国宇航出版社，2017.

[73] 中国航天科技集团有限公司．航天质量管理方法与工具（航天质量技术丛书）[M]. 北京：中国宇航出版社，2017.

[74] 中国航天科技集团有限公司．通用质量特性（航天质量技术丛书）[M]. 北京：中国宇航出版社，2017.

[75] 中国航天科技集团有限公司．产品保证（航天质量技术丛书）[M]. 北京：中国宇航出版社，2017.

[76] 于登云．数字化航天器系统工程设计 [M]. 北京：中国宇航出版社，2018.

[77] 袁亚飞，等．防静电工程 [M]. 北京：电子工业出版社，2018.

[78] 季启政，等．静电防护标准化 [M]. 北京：中国质检出版社/中国标准出版

社，2020.

[79] 师宏耕，等．航天精细化质量管理［M］. 北京：中国宇航出版社，2020.

[80] 杨宏，等．载人航天器技术（空间技术与科学研究丛书）［M］. 北京：人民邮电出版社，2022.

[81] 谢军，等．北斗导航卫星［M］. 北京：国防工业出版社，2022.

[82] 殷世龙．武器装备研制质量管理与审核［M］. 北京：国防工业出版社，2022.

[83] 《航天质量管理技术手册》编写组，航天质量管理技术手册［M］. 北京：中国宇航出版社，2023.

[84] 杨双进，杨兆军，鲍智文．航天质量系统工程管理思考与实践［M］. 北京：中国宇航出版社，2023.

[85] 中国质量协会．全面质量管理［M］. 4版．北京：中国科学技术出版社，2023.

[86] 张柏楠，戚发轫．中国载人航天技术的历史性跨越［J］. 航天器工程，2008（5）：1-6.

[87] 高志良，王若珏，何积浩，等．航天电子产品静电防护管理体系要求系列标准应用实践［J］. 航天标准化，2023：15-19，24.

[88] 杨双进．航天工程质量管理数字化创新与实践［J］. 中国质量，2023（3）：30-33.

[89] 杨双进，梁修奎，杨兆军，等．航天批生产精益产品保证模式概述［J］. 航天工业管理，2023（8）：3-6.

[90] 董建国，邓锐．航天生产现场管理星级评价方法研究［J］. 质量与可靠性，2023（4）：6-10，14.

[91] 张国治，汪令仪，张翰霆，等．航天器高压太阳电池阵列 ESD 检测用柔性天线传感器［J］. 航天器环境工程，2023，40（5）：492-500.

[92] 高志良，唐旭，王若珏，等．航天器静电放电 FMEA 及质量控制措施的量化方法研究［J］. 中国航天科技集团有限公司 2022 年度通用质量特性论坛论文集，2022：92-97.

[93] 落震宇，高志良，王若珏，等．基于管理学理论的航天电子产品静电防护的体系化运行分析［J］. 中国航天科技集团有限公司 2022 年度通用质量特性论坛论文集，

2022：104-110.

[94] 高志良，高泉铭，杨铭，等．我国防静电智能仪器的现状及发展趋势［J］．第九届静电防护与标准化国际研讨会论文集，2022：32-37.

[95] 胡子俊，董怿博，王磊，等．基于物联网的“智能EPA”平台建设研究［J］．第九届静电防护与标准化国际研讨会暨2022亚太电磁兼容国际会议静电防护与标准化专题分会论文集，2022：114-119.

[96] 季启政，高志良，刘尚合，等．我国静电防护标准发展现状及对策建议［J］．安全与电磁兼容，2022（1）：9-14.

[97] 王娜，王娟，叶顺坚，等．精益管理在航天产品生产过程质量管控中的探索与实践［J］．质量与可靠性，2022（3）：1-6.

[98] 季启政，刘峻，杨铭，等．AlGaN/GaN HEMT质子辐射效应研究进展［J］．航天器环境工程，2022（4）：436-445.

[99] 张岩，赵鑫，刘尚合，等．静电电磁脉冲诱发航天器绝缘材料闪络特性［J］．兵工学报，2022，43（8）：1956-1965.

[100] 高志良，张卫红，周黎，等．静电屏蔽包装袋产品性能检测方法研究［J］．塑料工业，2021：81-86，41.

[101] 祝华远，李军亮，孙鲁青．武器装备通用质量特性管理综述［J］．兵工自动化，2021（2）：13-17.

[102] 杨保华，张延伟，李艳波，等．重大工程核心元器件自主保障实施途径研究［J］．电子元件与材料，2021（11）：1159-1162.

[103] 莫国成，印琴，徐睿，等．宇航静电防护管理体系标准解读［J］．电子与封装，2020（7）：55-58.

[104] 郭具涛，洪海波，钟珂珂，等．基于数字孪生的航天制造车间生产管控方法［J］．中国机械工程，2020（7）：808-814.

[105] 张红旗，张延伟，毛喜平，等．深入推进宇航元器件过程控制体系的研究［J］．中国航天，2020（501）：18-21.

[106] 刘尚合，胡小锋，原青云，等．航天器充放电效应与防护研究进展［J］．高电压技

术，2019 (7)：2108－2118.

[107] 袁亚飞，冯娜，张宇，等．静电场仪校准系统的设计及仿真研究 [J]. 宇航计测技术，2019 (4)：47－51，57.

[108] 张乐，刘杰，苏哲．航天企业现场管理体系建设的探索 [J]. 质量与可靠性，2019 (2)：58－63.

[109] 苏新光，郭德华，高志良．国内外静电防护标准采用国际标准的对比分析 [J]. 标准科学，2018 (12)：105－108.

[110] 高志良，季新月，张絮洁．航天发射场内静电电位在线监测技术研究 [J]. 中国酒泉卫星发射中心百次航天发射学术论文集，2018：183－189.

[111] 黄超，谷长超，张磊刚．武器装备研制通用质量特性工程能力评价方法 [J]. 质量与可靠性，2018 (4)：26－30.

[112] 刘畅，葛宇．质量管理体系与静电防护管理体系的融合研究与实现 [J]. 航天标准化，2017：43－47.

[113] 李榜华，袁媛．静电防护管理体系建设实践与思考 [J]. 航天标准化，2017 (2)：9－12.

[114] 高志良，季启政，马姗姗，等．GB/T 32304《航天电子产品静电防护要求》标准解读与应用浅析 [J]. 标准科学，2017 (6)：90－96.

[115] 季启政，高志良，徐思伟，等．航天电子产品静电防护管理体系化管理 [J]. 航天科研管理30周年优秀成果文集，2016：109－113.

[116] 马姗姗，袁亚飞，谭钧戈，等．ANSI/ESD S20.20－2014 中地板-鞋束系统检测方法修订探究 [J]. 标准科学，2015：81－84.

[117] 刘民，罗宇轩，佟雷，等．可变极板面积的非接触式静电电压表校准装置 [J]. 中国物理学会第二十届全国静电学术会议论文集，2015：3.

[118] 师宏耕，杨兆军．航天质量管理体系评估方法的探索与实践 [J]. 中国质量，2015 (7)：29－33.

[119] 林义勇，汪昆华，陈渝洲，等．发射场静电安全性评价体系研究 [J]. 第八届全国信号和智能信息处理与应用学术会议会刊，2014：409－414.

[120] 季启政，郭德华，高志良．关于我国静电防护标准化体系构建的研究［J］．中国标准化，2014（5）：69－75.

[121] 刘民．静电电容的概念和测量方法的探讨［J］．中国物理学会第十八届全国静电学术会议论文集，2013：6.

[122] 刘卫东，刘尚合，胡小锋，等．静电放电近区辐射电场的时域测试与实验分析［J］．高电压技术，2012，138（9）：2259－2265.